包容

成就人生的智慧

宿文渊 编著

中国华侨出版社
北京

图书在版编目(CIP)数据

包容：成就人生的智慧/宿文渊编著.--北京：
中国华侨出版社,2018.4
 ISBN 978-7-5113-7562-9

Ⅰ.①包… Ⅱ.①宿… Ⅲ.①人生哲学—通俗读物
Ⅳ.① B821-49

中国版本图书馆 CIP 数据核字（2018）第 035942 号

包容：成就人生的智慧

编　　著：	宿文渊
出 版 人：	刘凤珍
责任编辑：	笑　年
封面设计：	施凌云
文字编辑：	胡宝林
美术编辑：	吴秀侠
插图绘制：	Cherry
经　　销：	新华书店
开　　本：	880mm×1230mm　1/32　印张：8 字数：200 千字
印　　刷：	北京鑫海达印刷有限公司
版　　次：	2018 年 5 月第 1 版　2018 年 5 月第 1 次印刷
书　　号：	ISBN 978-7-5113-7562-9
定　　价：	32.00 元

中国华侨出版社　北京市朝阳区静安里 26 号通成达大厦 3 层　邮编：100028
法律顾问：陈鹰律师事务所
发 行 部：（010）58815874　　　　传　真：（010）58815857
网　　址：www.oveaschin.com　　E－m a i l：oveaschin@sina.com

如果发现印装质量问题，影响阅读，请与印刷厂联系调换。

前言

　　包容是一种美好的心性,是一种博大的胸襟,是一种能够放下一切的气度,是一种淡定从容的洒脱,是一种俯仰自如的风度。一个人一生成就的大小,很大程度上就是由他包容的大小决定的,正如一位哲人说的那样:心胸有多大,事业就有多大;包容有多少,拥有就有多少。纵观古今成大事业者,无不有海纳百川的肚量,所谓"量小非君子""将军额上能跑马,宰相肚里能撑船"。因此,包容实是人生必不可缺少的智慧,是一堂人生的必修课。

　　包容是为人处世中与他人和谐共处的良方。人生在世,不可能离群索居,人与人彼此相处,哪怕个个心地善良,也难免会发生磕碰和摩擦。譬如朋友间的误会、同事间的纠葛、邻里间的纷争、夫妻间的争吵,等等。矛盾是无处不在的,关键在于要面对现实,用包容去化解矛盾。包容人,包容事,忍下的是一时之气,得到的却是长久的安然、宁静、和谐与友好,其善莫大焉。俗话说:"与人方便,自己方便。"所以说,包容是人生的一座桥,将彼此间的心灵沟通。走过这座桥,人们的生命就会多一些空间,多一份爱心;人们的生活就会多一份温暖,多一份阳光。

包容是化解和升华人生一切苦痛的力量。其实每个人的生活都免不了苦难，包容你所遭受的伤害、折磨、痛苦，你就会感到生命道路两旁，困难固然有，更多的是花香；荆棘固然在，而更多的是山风猎猎、海浪沧沧。在不断的磨砺中成长，在风吹雨打的荷塘里守望着盛夏，这就是对包容最好的诠释。

包容更是成就事业的基石。在现代社会，一个人要成就一番事业，不可能靠单打独斗，必须得有强有力的团队和良好的人际关系。而这一切的拥有都得靠包容的胸怀。团队是若干人的集合体，既然是若干人，就可能个性、气质和能力特点迥异。不同类型员工，既有所长也伴有所短。毕竟，人无完人，金无足赤。这就要求团队的领导者要有海纳百川的肚量，用人不求全责备，用其所长，容其所短。所以说，你的包容有多广，你的事业就有多大。

包容是一种非凡的气度、宽广的胸怀，是对人对事的接纳和宽恕；包容是一种高贵的品质、崇高的境界，是精神的成熟和心灵的丰盈；包容是一种生存的智慧和生活的艺术，是那种看透了社会人生后的从容、自信和超然。懂得包容的人总能得到别人的尊重与帮助，懂得包容的人会因为谦和的姿态受到他人的欢迎和喜爱，懂得包容的人无时无刻不处于和谐之中，无论工作、事业还是生活都顺风顺水。懂得包容，你才能成就无悔、和乐、健康、美满的人生。

目录 CONTENTS

第一章 你的胸怀,就是你的世界

人的心胸就好比芥子 / 2

放开胸怀得到的是整个世界 / 5

换个角度,从缺陷中发现美 / 7

包容的实质是包容自己 / 9

遇谤不辩,沉默即宽容 / 12

心宽寿自延,量大智自裕 / 14

多一些磅礴大气,少一些小肚鸡肠 / 18

苛求他人,等于孤立自己 / 21

己所不欲,勿施于人 / 24

千金易得,宽厚之心难求 / 25

第二章 蚌含沙孕珍珠,人受苦酝成就

心境平和,对自己说"不要紧" / 30

以游戏之心看待挫折 / 32

"出丑"是"出众"之母 / 34

不要抱怨一时的困境 / 36

博大的心量可以稀释一切痛苦烦恼 / 38

学会接受不可更改的事实 / 41

不能改变环境,就学着适应它 / 44

关上一道门后,总有另一扇窗打开 / 47

直面苦难,包容残缺 / 49

原来我们可以如此幸运 / 50

从新的视角拍摄生活的乐趣 / 53

第三章　能容得下人,才能成得了事

人与人,在互惠中成长 / 56

告别"独行侠"时代,你才可以"笑傲江湖" / 58

胸襟有多大,成就就有多大 / 61

你可以不认同,但不必排斥 / 65

能够包容他人才能被更多人接纳 / 68

回避不良竞争，不抢同行盘中餐 / 71

没有永远的敌人：学会妥协，力求共赢 / 73

应该为公共利益做些什么 / 76

接纳伙伴的优缺点 / 78

请相信你的合作者 / 80

第四章 沉住气，成大器

忍辱负重，方成大业 / 84

委屈才能求全 / 86

切莫感情用事 / 88

小不忍则乱大谋 / 91

坦然面对流言蜚语 / 93

善用"老二哲学" / 95

动心忍性，增益不能 / 99

矜而不争，周而不比 / 101

该妥协时就妥协 / 103

忍一时之气，免百日之忧 / 105

学会约束自己的欲望 / 109

在贫穷面前抬起头来 / 112

第五章 宽容他人，就是善待自己

留有余地是一种理智的人生策略 / 116

为人处世以容人为上策 / 119

忧他人之忧,乐他人之乐 / 121

律己宜严,待人宜宽 / 123

指责只会招来对方更多的不满 / 125

自我反省得到他人的尊敬 / 127

尊重他人就是要理解和包容他人 / 129

用刀剑去攻打,不如用微笑去征服 / 133

悦纳别人的与众不同 / 136

放大镜看人优点,缩微镜看人缺点 / 138

不因偶尔的过错就丧失对朋友的信任 / 142

容人小过,不念旧恶 / 144

要成人之美,不成人之恶 / 146

与他人争执时,懂得后退一步 / 149

你对待别人的态度,决定了他人对你的态度 / 152

第六章 聪明做人,不妨糊涂点

糊涂的人因"傻"得福 / 156

恰到好处,才是最好 / 158

形醉而神不醉,外愚而内不愚 / 161

睁一只眼闭一只眼 / 163
以糊涂之道还治糊涂之人 / 165
不是聪明得太快，而是糊涂得太迟 / 167
记住该记住的，忘掉该忘掉的 / 171
吃糊涂亏，积无量福 / 173
糊涂比聪明更显智慧 / 175
洞明人生，难得糊涂 / 177

第七章 感谢折磨你的人，感恩磨炼你的事

"蘑菇经历"是一笔宝贵的人生财富 / 182
人生总是从寂寞开始 / 184
不要让自己成为"破窗" / 186
耐心地做你现在要做的事 / 188
学会必要的忍耐 / 191
顾客把你磨炼成上帝的天使 / 193
善待你的对手 / 196
以高标准要求自己 / 200
给自己一点压力 / 202
给自己一个悬崖 / 204
折磨你的人是你的新鲜空气 / 206

第八章　人生要经得起失败，耐得住寂寞

点一盏信念之灯 / 210

劣势有时能成为优势 / 211

四个字：坚持到底 / 213

来一次破釜沉舟 / 216

一切都会好起来的 / 217

不要因失败而退缩 / 219

有了希望就能战胜苦难 / 223

把握现在更有意义 / 226

豁达是心灵的解药 / 230

知足者能享天人之福 / 234

能拿得起就要能放得下 / 237

人生随时都可以重新开始 / 240

第一章

你的胸怀,
就是你的世界

人的心胸就好比芥子

唐朝时,江州刺史李渤,问智常禅师道:"佛经上所说的'须弥藏芥子,芥子纳须弥'未免失之玄奇了,小小的芥子,怎么可能容纳那么大的一座须弥山呢?过分不懂常识,是在骗人吧?"

智常禅师闻言而笑,问道:"人家说你'读书破万卷',可有这回事?"

"当然!当然!我读的书岂止万卷?"李渤得意扬扬地说。

"那么你读过的万卷书如今何在?"

李渤抬手指着头说:"都在这里了!"

智常禅师道:"奇怪,我看你的头颅也只有一个椰子那么大,怎么可能装得下万卷书?莫非你也骗人吗?"

李渤顿时目瞪口呆,无话可说。

就像可以装下须弥山的小小芥子一样,人的心灵像一个小小的宇宙,能够装下目力所及的一切,甚至还能装下想象中的无穷空间,心境浩瀚则无边界。圣严法师把上述公案中的禅理用之于职场,即是告诫职场中人必须拥有开阔的心胸。

何谓"心胸开阔"?法师将这类人

分为了两种：一种人心胸开阔、知天乐命；另一种就要求创业者拥有超越利害得失、成败是非的心态。

第一种人天性乐观，即使面对职场中的诡谲风云，依然能够自得其乐。但是，这种人的缺点在于可能因过分乐观而变得对什么都不在乎，当事业顺利时，他能在谈笑间运筹帷幄；当无所事事时，他也不以为意。

与第一种人相比，第二种人追求更精彩的人生，同时，他们的人生态度也更加积极：他们渴望一展宏图，面对挫折时不会像第一种人一样毫不在意，但也不会因职场的不顺、事业的失利而自伤自怜，而是能够自我宽慰，重新出发。

举一个简单的例子，圣严法师所在的农禅寺经常遭遇台风的袭击。某一年台风来袭之前，圣严法师让弟子将寺中低洼处的物品都搬到了高台上，但是由于雨水过多，农禅寺还是被淹了，损失很大。但圣严法师却并不因此难过，"面对这无奈的事实，我认为既然已经尽力处理了，无论结果如何、有没有损失，都不必那么在意，只要全心处理善后就好"。

这正是真正开朗的心胸，遇事竭尽全力，即使无法挽回也不抱怨生活。这种态度对所有人来说都有裨益，处于紧张、忙碌、压抑的职场环境中的人更应该好好体会。

一天，一位企业家来向圣严法师求教。原来是因为受到经济危机的影响，他的企业逐渐走着下坡路。想到昔日的辉煌，这位企业家内心非常痛苦。

圣严法师劝慰他说："最初你不是白手起家的吗？那时候你什么都没有，只是后来生意才渐渐做大的。现在不过是回到了原点，或者说是比你的起点更高一层的地方，你只是失去了你曾经就没有的东西，何苦为它烦恼？"

企业家说："如果一开始就没有，那么我也不会这么痛苦。恰恰是因为我有过那么多钱，但现在全赔进去了，我才会割舍不下，又不知如何是好。"

"生不带来，死不带去，你本也知道钱财是身外物。至于你内心的痛苦，能处理的就处理，不能处理的就放下。一切从头开始，不也很好吗？"

"那也就是说我大概没有东山再起的希望了吧！"企业家失望地说。

圣严法师合掌说道："不要这么想，即使这一生没有希望，来生还有希望，永远都有希望的。更何况在你面前，还有那么多重新开始的机会。"

这位企业家的苦恼就在于他心胸虽然宽广，却都被高远的志向占据，没有给可能出现的挫折留下一点空间，以至于他无法豁达面对暂时的失败。

纵观风起云涌的职场，每个人可能都是一颗微不足道的芥子，但其中那些心胸开朗的芥子，不仅有足够的胸怀容纳须弥山，也有化解一切挫折的涵养。

放开胸怀得到的是整个世界

我们说心就像一个人的翅膀,心有多大,世界就有多大。但如果不能打碎心中的四壁,你的翅膀就舒展不开,即使给你一片大海,你也找不到自由的感觉。

有一条鱼在很小的时候被捕上了岸,渔人看它太小,而且很美丽,便把它当成礼物送给了女儿。小女孩把它放在一个鱼缸里养了起来,每天这条鱼游来游去总会碰到鱼缸的内壁,心里便有一种不愉快的感觉。

后来鱼越长越大,在鱼缸里转身都困难了,女孩便给它换了更大的鱼缸,它又可以游来游去了。可是每次碰到鱼缸的内壁,它畅快的心情便会黯淡下来,它有些讨厌这种原地转圈的生活了,索性静静地悬浮在水中,不游也不动,甚至连食物也不怎么吃了。女孩看它很可怜,便把它放回了大海。

它在海中不停地游着,心中却一直快乐不起来。一天它遇见了另一条鱼,那条鱼问它:"你看起来好像闷闷不乐啊!"它叹了口气说:"啊,这个鱼缸太大了,我怎么也游不到它的边!"

我们是不是就像那条鱼呢?在鱼缸中待久了,心也变得像鱼缸一样小了,不敢有所突破。即使有一天,到了一个更为广阔的空间,已变得狭小的心反倒无所适从了。

打开自己，需要开放自己的胸怀。

开放，是一种心态、一种个性、一种气度、一种修养；是能正确地对待自己、他人、社会和周围的一切；是对自己的专业和周围的世界都怀有强烈的兴趣，喜欢钻研和探索；是热爱创新，不墨守成规，不故步自封，不固执僵化；是乐于和别人分享快乐，并能抚慰别人的痛苦与哀伤；是谦虚，承认自己的不足，并能乐观地接受他人的意见，而且非常喜欢和别人交流；是乐于承担责任和接受挑战；是具有极强的适应性，乐意接受新的思想和新的经验，能够迅速适应新的环境；是坚强的心胸，敢于面对任何的否定和挫折，不畏惧失败。

不打开自己，一个人就不可能学会新东西，更不可能进步和成长。开放的胸怀，是学习的前提，是沟通的基础，是提升自我的起点。在一个组织里，最成功的人就是拥有开放胸怀的人，他们进步最快，人缘最好，也容易获得成功的机会。

具有开阔胸怀的人，会主动听取别人的意见，改进自己的工作。比尔·盖茨经常对公司的员工说："客户的批评比赚钱更重要。从客户的批评中，我们可以更好地汲取失败的教训，将它转化为成功的动力。"比尔·盖茨本人就是一个心态非常开放的人，他鼓励公司里每个人畅所欲言，当别人和他有不同意见时，他会很虚心地去听。每次公开讲演之后，他都会问同事哪里讲得好，哪里讲得不好，下次应该怎样改进。这就是世界首富的作风，也是他之所以能成为首富的潜质。

开放的心自由自在，可以飞得又高又远；而封闭的心像一池死水，永远没有机会进步。如果你的心过于封闭，不能接纳别人的建议，就等于锁上了一扇门，禁锢了你的心灵。要知道褊狭就像一把利刃，会切断许多机会及沟通的管道。

花草因为有土壤和养分才会茁壮成长、绽放美丽，人的心灵也必须不断接受新思想的洗礼和浇灌，否则智慧就会因为缺乏营养而枯萎死亡。

换个角度，从缺陷中发现美

世界上很少有人不抱怨自己的容貌。人是个多面体，我们常说谁长得漂亮、谁长得丑，那只是我们从一个角度去看。当我们受到打击缺乏信心的时候，不妨换个角度审视一下自己，你也许会发现一个与众不同的自我。

有一对母女，母亲长得很漂亮，女儿却很丑。倒不是她的五官有什么问题，而是搭配有点偏离正常比例。为此，女儿十分自卑，常常怨天尤人。母亲当然了解女儿的心事，为了帮助她摆脱心理困境，她把女儿带到照相馆去照相。

母亲对照相师的要求很奇怪，她不让照相师拍她女儿的整张脸，而是逐一对眼睛、鼻子、耳朵、嘴等五官单独拍特写。帮女儿拍完照后，她又拿出美国著名女星玛丽莲·梦露的头像，让照相师翻拍，并把五官一一割开。

照片一冲出来，母亲就把女儿的五官照片和著名女星玛丽莲·梦露的五官照片一一对照贴到女儿卧室的墙上。每当女儿自卑的时候，母亲就让女儿看看那些被分割的照片，说："和世界上最著名的美女比较一下，你哪个地方会比她差？"还未成年的女儿迷惑地看了看母亲，将信将疑。后来，她把自己的这些照片指给那些闺中密友看。密友在不知情的情况下，有的说照片上的眼睛比那个外国佬的眼睛迷人，有的说照片上的嘴巴更性感。渐渐地，她相信了母亲的话，真觉得自己并不比玛丽莲·梦露丑了，自信也随之而来。

长得丑点的确是一种缺陷，但如果只盯着自己的缺陷，它就会告诉你自己是多么丑陋，多么不幸，这时你的眼前就像横着一幅放大镜，小小的缺陷就会被无限放大成悲剧或灾难。可是，当你换个角度来看时，这个缺陷并不致命，甚至完全可以忽略不计。

从生理上来说，世上很难找到完美之人。人有生理缺陷当然遗憾，但它既已存在，我们就该泰然处之。人生的价值在于奉献和创造，在于完美人格的构建、灵魂的塑造和精神的升华。上帝关上一扇窗子的同时,又会为你打开另一扇窗子,问题是你有没有用心地去发现那扇窗子。我们不必为自己的平庸与丑陋感到自卑,只要善于发现,你完全可以从这些自认为丑陋的缺陷中找到有价值的一面。

包容的实质是包容自己

"当紫罗兰被脚踩扁的时候,却把芳香留给了它。"这是美国作家马克·吐温给宽容作的一个最为形象的注解。其实,宽容别人的同时,也是释放自己的过程。

一位画家在集市上卖画,不远处,前呼后拥地走来一位大臣的孩子,这位大臣在年轻时曾经把画家的父亲欺诈得心碎而死。孩子在画家的作品前流连忘返,并且选中了一幅,画家却匆匆用一块布把它遮盖住,并声称这幅画不卖。

从此以后,孩子因为心病而变得憔悴,最后,他父亲出面了,表示愿意出一笔高价买这幅画。可是,画家宁愿把那幅画挂在自己画室的墙上,也不愿意出售。他阴沉着脸坐在画前,自言自语地说:"这就是我的报复。"

每天早晨，画家都要画一幅他信奉的神像，这是他表示信仰的唯一方式。

可是现在，他觉得所画神像与他以前画的神像日渐相异。这使他苦恼不已，他不停地找原因。忽然有一天，他惊恐地丢下手中的画，跳了起来：他刚画好的神像的眼睛，竟然是那位大臣的眼睛，嘴唇也是那么的酷似。

他把画撕碎，并且高喊："我的报复已经回报到我的头上来了！"

报复会把一个好端端的人驱向疯狂的边缘，使你的心灵不能得到片刻安静。

宽容的实质不是宽容别人，而是宽恕自己。唯有宽容，才能抚慰你暴躁的心绪，弥补不幸对你的伤害，让你不再纠缠于心灵毒蛇的咬噬中，从而获得自由。

我们常常在自己的脑子里预设了一些规定，以为别人应该有什么样的行为，如果对方违反规定就会引起我们的怨恨。其实，因为别人对我们的"规定"置之不理就感到怨恨，是一件十分可笑的事。大多数人都以为，只要我们不原谅对方，就可以让对方得到一些教训，也就是说：只要我不原谅你，你就没有好日子过。而实际上，不原谅别人，表面上是那人不好，其实真正倒霉的却是我们自己，因为不肯宽容会产生愤恨和沮丧，愤恨首先破坏的是你自己的健康。

要做到宽容，起码要做到两条：首先，你发现自己原来也有很多的缺点，自己原来也有亏欠人的地方，自己本身并不是一个完人；而发现你原来认为最不好的人，也有一些你没有的优点。所以，要学会看到自己的弱点，看到别人的优点。考虑问题时要试试站在对方的角度出发，求大同，存小异。这样你才能够善待他人，也善待自己。

宽容别人的同时，自己也就把怨恨或嫉恨从心中排除，才会怀着平和与喜悦的心情看待任何人和任何事，会带着愉快的心情生活。所以，能在生活的磨难中逐步学会宽容，能宽容他人的人，心里的苦和恨比较少，或者说，心胸比较宽阔的人，就容易宽容他人。当你对别人宽容之时，也是对你自己的宽容。明明是对方错怪了你，对方欺骗了你，对方伤害了你，你也照样没有怨恨在心头。那么，对坏人也要宽容吗？正确的回答是，你不以其人之道还治其人之身，就是宽容。

所以要让自己快快乐乐地生活在充满爱的世界里,自己首先要做一个宽宏大量的人。要真正做到宽容并不容易,如果你心里有恨和苦,宽容不了他人;或者,如果你认同宽容是很高尚的行为,不过难以时时做到。所以,你应该远离品头论足的人,随着时间的推移,你会发现,你的宽容多了,你心里的平安和喜悦也多了。

逐步做到宽容,是一个人成长和进步的过程。因为宽容,你会始终生活在平静健康之中;因为宽容,你会成为婚姻的赢家;因为宽容,你会成为事业的赢家;因为宽容,你会成为幸福的赢家。宽容可以让生活变得美好许多,会让这个世界充满爱。

遇谤不辩,沉默即宽容

诗曰:"不智之智,名曰真智。蠢然其容,灵辉内炽。用察为明,古人所忌。学道之士,晦以混世。不巧之巧,名曰极巧。一事无能,万法俱了。露才扬己,古人所少。学道之士,朴以自保。"在人生的旅途中,我们会有各种各样的遭遇,许多时候,沉默是最好的矛与盾,进可攻,退可守。

有位修行很深的禅师叫白隐,无论别人怎样评价他,他都会淡淡地说一句:"就是这样吗?"

在白隐禅师所住的寺庙旁，有一对夫妇开了一家食品店，家里有一个漂亮的女儿。夫妇俩发现尚未出嫁的女儿竟然怀孕了。这种见不得人的事，使得她的父母震怒万分！在父母的一再逼问下，她终于吞吞吐吐地说出"白隐"两字。

她的父母怒不可遏地去找白隐理论，但这位大师不置可否，只若无其事地答道："就是这样吗？"孩子生下来后，就被送给了白隐，此时，他的名誉虽已扫地，但他并不在意，而是非常细心地照顾着孩子——他向邻居乞求婴儿所需的奶水和其他用品，虽不免横遭白眼，或是冷嘲热讽，他总是处之泰然，仿佛他是受托抚养别人的孩子一样。

事隔一年后，这位没有结婚的妈妈，终于不忍心再欺瞒下去了，她老老实实地向父母吐露了真情：孩子的生父是住在附近的一位青年。

她的父母立即将她带到白隐那里，向他道了歉，请求他原谅，并将孩子带了回来。

白隐仍然是淡然如水，他只是在交回孩子的时候，轻声说道："就是这样吗？"仿佛不曾发生过什么事；即使有，也只像微风吹过耳畔，霎时即逝。

白隐为给邻居女儿生存的机会和空间，代人受过，牺牲了为自己洗刷清白的机会。在受到人们的冷嘲热讽时，他始终处之泰然，只有平平淡淡的一句话——"就是这样吗？"雍容大度的白隐禅师令人赞赏景仰。

在面对羞辱、误解、背叛的时候，沉默本身就是一种宽容。只是对于一个世俗人来说，这种宽容会让自己很不好受，是一种疼痛的过程。但对于悟道的人来说，这种宽容是一种快乐，因为它能够感化犯错的人，让他们从内心里反省自己的错误，是一种无声之教。面对这样的沉默，所有语言的力量都是微不足道的。

环视芸芸众生，能做到遭误解、毁谤，不仅不辩解、报复，反而默默承受，甘心为此奉献付出、受苦受难，这样的人有几个呢？

遇谤不辩，是一种多么难得的人生智慧。当诽谤发生后，一味地争辩往往会适得其反，不是越辩越黑便是欲盖弥彰。这时候，往往沉默是金，让清者自清而浊者自浊，这才是明智的选择。诽谤最终会在事实面前不攻自破。在现实生活中，拥有"不辩"的胸襟，就不会与他人针尖对麦芒，睚眦必报；拥有"不辩"的智慧，宽恕永远多于怨恨。

心宽寿自延，量大智自裕

我们不能改变生命的长度，却可以改变生命的宽度。这句话常常被用来激励失意之人。不要慨叹生命的短暂，而是要在有限的生命中注入无限的激情,如此,心情会随之改变,生活会随之改变,命运也会随之改变。

当我们要在一个蓄水池中注满清澈的河水时,蓄水池已经固定,增加输水管道的长度也只是拉长了水流的距离,我们需要去做的是将管道拓宽,这样才能更快地将水池注满。

事实上,当我们真正改变了心灵的宽度时,生命的长度也会悄然增加。圣严法师说:"有德即是福,无嗔即无祸,心宽寿自延,量大智自裕。"这真是一种人生的大智慧。禅的智慧是无穷无尽的,宽度和量度都是禅的智慧。心宽,放下一切自我执着而引发的烦恼;量大,用包容的心去容下他人的一切,才能获得真正的洒脱,做到真正的慈悲,获得真正的智慧。

有一个久战沙场的将军,因为厌倦了战争和尘世里的奔波忙碌,便找到大慧宗杲禅师,要求剃度出家,并请求禅师为他开示。

他说:"禅师,我已经看破红尘,红尘俗世中的种种,都不过是过眼云烟。禅师您慈悲,请您收留我,让我随您修行吧!"

宗杲禅师说:"你贵为将军,声名显赫,能将功名利禄全部放下吗?"

将军说:"功名利禄如粪土!"

宗杲禅师:"可是你尚有家眷,还有太多尘世俗缘割舍不下,你不能出家!"

将军:"禅师,我现在什么都放得下!妻子、儿女、家庭,全部都可以放下。请您为我剃度吧!"

宗杲摇摇头,仍然不肯为他剃度。

将军无奈地离开了。几天之后的一个清晨,他再次来到寺中参禅礼佛。宗杲禅师问:"将军,你为什么这么早就来庙中拜佛呢?"

将军回答:"为除心头火,起早礼师尊。"

禅师听到他用禅语回答自己的问题,心中对他出家的诚意大为赞赏,但还是开玩笑似的对他说:"起得这么早,不怕妻偷人?"

将军一听,勃然大怒:"你这老怪物,讲话太伤人!"

大慧宗杲禅师哈哈一笑,对将军说:"轻轻一拨扇,性火又燃烧,如此暴躁气,怎算放得下!"

这位自以为已经放下了一切的将军不仅未能将心头的执着放下,更没有真正领悟到禅宗的智慧,被人稍稍一激,立刻变得暴躁,已然犯了嗔戒,"说时似悟,对境生迷",他既没有正确地认识自己,也不能以一颗宽容的心去对待别人,又怎么能算是真正看破红尘了呢?

真正的宽容,是包容清净的,也包容污秽的,包容爱的人,也包容恨的人,包容善良,也包容邪恶。真正的量大,要像广袤的苍穹,容纳群星也容纳尘埃;要像浩瀚的大海,容纳百川也容纳细流;更要像无垠的虚空,无所不含,无所不摄。

苏东坡被贬谪到江北瓜洲时,和金山寺的和尚佛印相交甚多,常常在一起参禅礼佛,谈经论道,成为了非常好的朋友。

一天,苏东坡作了一首五言诗:稽首天中天,毫光照大千;八风吹不动,端坐紫金莲。作完之后,他再三吟诵,觉得其中含义深刻,颇得禅家智慧之大成。苏东坡觉得佛印看到这首诗一定会大为赞赏,于是很想立刻把这首诗交给佛印,但苦于公务缠身,只好派了一个小书童将诗稿送过江去请佛印品鉴。

书童说明来意之后将诗稿交给了佛印禅师,佛印看过之后,微微一笑,提笔在原稿的背面写了几个字,然后让书童带回。

苏东坡满心欢喜地打开了信封,却先惊后怒。原来佛印只在宣纸背面写了两个字:"狗屁!"苏东坡既生气又不解,坐立不安,索性就搁下手中的事情,吩咐书童备船再次过江。

哪知苏东坡的船刚刚靠岸,却见佛印禅师已经在岸边等候多时。苏东坡怒不可遏地对佛印说:"和尚,你我相交甚好,为何要这般侮辱我呢?"

佛印笑吟吟地说:"此话怎讲?我怎么会侮辱居士呢?"

苏东坡将诗稿拿出来，指着背面的"狗屁"二字给佛印看，质问原因。

佛印接过来，指着苏东坡的诗问道："居士不是自称'八风吹不动'吗？那怎么一个'屁'就过江来了呢？"

苏东坡顿时明白了佛印的意思，满脸羞愧，不知如何作答。

苏东坡是古代名士，既有很深的文学造诣，同时也兼容了儒释道三家关于生命哲理的阐释，而有时候，他也并不能领悟真正的智慧。平时，我们谈生论死，侃侃而谈似乎置生死于度外；平时，我们谈名利如浮尘，恨不得视之为粪土。但是当死亡的恐惧、浮名的诱惑摆在眼前时，我们是否还能够保持一颗平静淡然的心，从容对待呢？

当我们将手中的鲜花送与别人时，自己已经闻到了鲜花的芳香；而当我们要把泥巴甩向其他人的时候，自己的手已经被污泥染脏。不嗔怒不暴躁，不患得患失，不受尘俗牵挂，超然洒脱，才能达到高深的修持境界，获得真正的智慧。

多一些磅礴大气，少一些小肚鸡肠

大度，是一种修养，是一个人健全人格和健康心理的体现。大度也是一种气质，是一个人幸福生活的前提。大度来自人的理念、理想追求及道德修养。要做到大度不小气，首先要眼界宽阔，而不能目光短浅。因为，眼界宽阔的人在看问题方面会比较大气，而没有什么见识的人只能囿于自己的小圈子里面，为了鸡毛蒜皮的事情跟人吵得面红耳赤。因此，我们要始终怀着一颗美好的心去观察和认识世界，要用长远的眼光去看问题，只有这样，才能具有宏大而深邃的视野，才能有宽阔的胸襟。

从前有两个人，一个叫提耆罗，一个叫那赖。这两个人神通广大，本领高超，无论是婆罗门、佛家弟子，还是仙人、圣人、龙王及一切鬼神，无不钦佩，都来向他们顶礼膜拜。

一天夜里，提耆罗因长时间诵经感到十分疲乏，先睡了。那赖当时还没有睡，一不小心踩了提耆罗的头，使他疼痛难忍。提耆罗一时心中大怒地说："谁踩了我的头？明天清早太阳升起一竿子高的时候，他的头就会破为七块！"那赖一听，也十分恼怒地叫道："是我误踩了你，你干什么发那么重的咒？器物放在一起，还有相碰的时候，何况人和人相处，哪能永远没有个闪失呢？你说明天日出时，我的头就要裂成七块，那好，我就偏不让太阳出来，你看着好了！"

由于那赖施了法术，第二天，太阳果然没有升起来。一连几天过去了，太阳仍没有出现。两个人由于心胸狭窄，不能宽宥对方，从而让整个世界都处在了一片漆黑中。

这个小故事告诉了我们一个深刻的道理：做人要大气、大度，不能够小肚鸡肠，否则对自己也不利。

宽以待人，历来被我国历史上的仁人贤士所推崇。"唯宽可以容人，唯厚可以载物。"有些人却是完全"严以待人，宽以律己"。在人际关系中，这种小鼻小眼的行为正犯了大忌，一次两次的短期接触还好，长此以往则会招人怨。

曾有王姓的两兄弟，合伙在东莞开办制衣厂。兄弟俩苦苦经营了十年，眼看这家厂有了起色，财源滚滚而来，然而，弟媳却开始怀疑大伯多占了便宜，兄嫂也开始怀疑小叔子暗中多吞了钱财，不久，两兄弟便闹起了矛盾，又是争权，又是争钱。一个好端端的工厂，因为两兄弟最后都把心思用到了闹分家上，再也没人来管理。而市场经济是无情的，所以没过多久便关门倒闭了。这个故事应该能够给人以警示，小肚鸡肠只会让你失去更多！

避免小气，就要做到心理平衡。这既是保持身心健康的良方，又是事业成功的重要条件。善于调节心理平衡的人，必然心胸宽广，不会计较于一时得失，什么伤心事、苦恼事统统都可置之度外。这样就能大度待人，公道处事，使生命的质量得到提高。反之，小肚鸡肠、心胸狭窄，动不动就落个心理不平衡，在这样的心态下生活，生活的质量必然会大打折扣。如果我们经常想一想"生命在于平衡"的道理，就有助于我们正确对待工作、生活中的诸多不如意之事。

清代学者张湖曾说："律己宜带秋风，处事宜带春风。"让我们多一些长远的目光，少一些狭隘的思维；多一些磅礴大气，少一些小肚鸡肠；多一些理解，多一些宽容，多一些主见，不轻易受别人的影响。这才是符合禅的哲理和智慧，这才是有为之人所必备的气质和胸怀。

苛求他人，等于孤立自己

每个人都有可取的一面，也有不足的地方。与人相处，如果总是苛求十全十美，那么永远也交不到真正亲密的朋友。在这一点上，曾国藩早就有了自己的见解，他曾经说过："概天下无无瑕之才，无隙之交。大过改之，微瑕涵之，则可。"意思是说，天下没有一点缺点也没有的人，没有一点缝隙也没有的朋友。有了大的错误，要能够改正，剩下小的缺陷，人们给予包容，就可以了。为此，曾国藩总是能够宽容别人，谅解别人。

当年，曾国藩在长沙读书，有一位同学性情暴躁，对人很不友善。因为曾国藩的书桌是靠近窗户的，他就说："教室里的光线都是从窗户射进来的，你的桌子放在了窗前，把光线挡住了，这让我们怎么读书？"他命令曾国藩把桌子搬开。曾国藩也不与他争辩，搬着书桌就去了角落里。曾国藩喜欢夜读，每每到了深夜，还在用功。那位同学又看不惯了："这么晚了还不睡觉，打扰别人的休息，别人第二天怎么上课啊？"曾国藩听了，不敢大声朗诵了，只在心里默读。一段时间之后，曾国藩中了举人，那人听了，就说："他把桌子搬到了角落，也把原本属于我的风水带去了角落，他是沾了我的光才考中举人的。"别人听他这么一说，都为曾国藩鸣不平，觉得那个同学欺人太甚。可是曾国藩毫不在意，还安慰别人说："他就是那样子的人，就让他说吧，我们不要与他计较。"

凡是成大事者，都有广阔的胸襟。他们在与别人相处的时候，不会计较别人的短处，而是以一颗平常心看待别人的长处，从中看到别人的优点，弥补自己的不足。如果眼睛只能看到别人的短处，那么这个人的眼里就只有不好和缺陷，而看不到别人美好的一面。在生活中，每个人都可能跟别人发生矛盾。如果一味地跟别人计较，就可能浪费自己很多精力。与其把自己的时间浪费在一些鸡毛蒜皮的小事上，不如就放开胸怀，给别人一次机会，也可以让自己有更多的精力去做更多有意义的事情。

一位在山中茅屋修行的禅师，有一天趁夜色到林中散步，在皎洁的月光下，突然开悟。他喜悦地走回住处，眼见到自己的茅屋遭小偷光顾。找不到任何财物的小偷要离开的时候在门口遇见了禅师。原来，禅师怕惊动小偷，一直站在门口等待。他知道小偷一定找不到任何值钱的东西，就把自己的外衣脱掉拿在手上。

小偷遇见禅师，正感到惊愕的时候，禅师说："你走那么远的山路来探望我，总不能让你空手而回呀！夜凉了，你带着这件衣

服走吧!"说着,就把衣服披在小偷身上,小偷不知所措,低着头溜走了。

禅师看着小偷的背影穿过明亮的月光消失在山林之中,不禁感慨地说:"可怜的人呀!但愿我能送一轮明月给他。"

禅师目送小偷走了以后,回到茅屋赤身打坐,他看着窗外的明月,进入空境。

第二天,他睁开眼睛,看到他披在小偷身上的外衣被整齐地叠好,放在了门口。禅师非常高兴,喃喃地说:"我终于送了他一轮明月!"

面对小偷,禅师既没有责骂,也没有告官,而是以宽容的心原谅了他,禅师的宽容和原谅终于换得了小偷的醒悟。可见,宽容比强硬的反抗更具有感召力。可是,我们与别人发生矛盾时,总想着与别人争出高低来,但是往往因为说话的态度不好,使得两个人吵起来,甚至大打出手。其实,牙齿没有不碰到舌头的。很多事情忍耐一下,也就过去了。有些矛盾的产生,别人也不一定就是故意的,我们给予他包容,他可能会主动认识到错误,也给自己减少了很多麻烦。

己所不欲,勿施于人

在社会生活中,每个人都难免会遇到磕磕碰碰的事情,关键是要有一种"能容天下难容之事"的宽容心态,少一些心胸狭窄、尖酸刻薄,多一些大度宽容、海阔天空的气质。这样,无论遇到什么事情,都会平心静气地对待。

两千多年前,孔子的学生子贡问孔子:"有没有一句话可以作为终生奉行不渝的法则呢?"孔子回答说:"其恕乎!己所不欲,勿施于人。"也就是说,自己不喜欢的和不能接受的事情,就不要强加给别人。凡事要从对方的角度出发考虑问题,要学会多体谅一下别人,这是做人和处世的根本原则。从中也可以看出一个人的修养。

要想钓到鱼,就先问问鱼想要吃什么。生活中,许多人都有过钓鱼的经历和经验。鱼饵很重要,但它的选择不是根据钓鱼者的口味爱好,而是鱼的爱好。世间万物都是相通的。我们在与人交往中,特别喜欢结交那些了解自己、同自己喜好相似的人。同样,我们也应该站在对方的立场上,考虑他们喜欢什么,不喜欢什么。

因此,以己度人,推己及人,这样处理问题和与人交往,才能获得别人的尊重,与别人和睦相处,甚至能够化敌为友。

在社会上，特别是对于初涉世事的青年来说，由于对社会的茫然，总是时时处处小心翼翼，左顾右盼地想找出参照物规范自己、约束自己。这种反应当然是正常的，但是有时候以此为原则，反而会导致初衷与结果南辕北辙。

这时，你就可以采用"己所不欲，勿施于人"的原则，在日常工作和生活中，多问一下自己：我做这件事产生的后果自己觉得如何？如果自己能够接受，那么别人也大概能够容忍；如果自己都不能容忍，那么别人肯定也不愿接受。

美国的欧文梅说："一个人若能从别人的角度来看事情，了解别人的心灵活动，就永远也不必为自己的前途担心。"我们要学会体谅别人，站在别人的立场来看问题，这样就可以减少生活中的摩擦，人与人之间的关系就会变得更加和谐。

千金易得，宽厚之心难求

"但求世上人无病，何妨架上药生尘。"在以前的药铺里常常可以看到这样一副对联。它包含的悲天悯人、宽厚无私的情怀是很让人感动的。自己虽然是良医，却祈求别人不生病，其中蕴涵着至高境界的道德品质。

同样的宽厚无私在孔子身上也可以看到，孔子在《论语·颜渊》中也曾说过:"听讼,吾犹人也。必也使无讼乎!"意思是说:审理诉讼案件,我同别人一样能做好。但内心总是希望这些事情不再发生啊!孔子希望通过教化来提升人们的修养,减少案件的发生。这是以天下人为念的崇高博大的情怀。

世间天地万物数不胜数,其中最能够打动人的莫过于一颗宽厚无私、善良之心。

山东潍县以前是个多灾多难的地方,经常发生水灾、旱灾。扬州八怪之一的郑燮(即郑板桥)在当地任县令七年期间,就有五年发生灾情。他刚到任那一年,潍县发生水灾,十室九空,饿殍满地,其景象惨不忍睹。郑板桥据实上报,请求朝廷开仓赈灾,可朝廷迟迟不准。在危急时刻,郑板桥毅然开仓放粮,他说:"不能等了,救命要紧。朝廷若有怪罪,就惩办我一个人好了。"这样灾民很快得救了。

郑板桥秉承儒家心系天下苍生的精神,心念百姓疾苦。他深知"民为邦本,本固邦宁"的古训,做任何事,他首先想到的是百姓。他招民工修整水淹后的道路城池,采取以工代赈的办法救济灾区壮男;同时责令大户在城乡施粥救济老弱饥民,不准商人囤积居奇;他自己带头捐出官俸,并刻下"恨不得填满了普天饥债"的图章。他开仓借粮时有秋后还粮的借条,到秋粮收获时,灾民歉收,他当众将借条烧掉,劝人们放心,努力生产,来年交足田赋。由于他的这些举措,无数灾民解决了倒悬之危。

为了老百姓,他得罪了一些富户,特别在整顿盐务时,更是触动了富商大贾的私利。潍县濒临莱州湾,盛产海盐,长期以来,官商勾结,欺行霸市,哄抬盐价,贱进贵卖,缺斤少两,以次充好。郑板桥针对这些弊端严令禁止,因此,一些富人对他造谣毁谤,匿名上告。1752年,潍县又发大灾,郑板桥申报朝廷赈灾,上司怒其多次冒犯,又加上听信谗言,不但不准,反给他记大过处分,钦命罢官,削职为民。

离开潍县时,百姓倾城相送。郑板桥为官十余年,并无私藏,只是雇三头毛驴,一头自骑,两头分驮图书行李,由一个差丁引路,凄凉地向老家走去。临别他为当地人民画竹题诗:"乌纱掷去不为官,囊囊萧萧两袖寒。写取一枝清瘦枝,秋风江上作鱼竿。"

郑板桥为官，不以自己的才情作为晋升的手段，也不以此卖弄，而是用在为民谋福上，这种宽厚无私的精神才是人格的最高境界。

一灯大师曾说："世人无数，可分三品：时常损人利己者，心灵落满灰尘，眼中多有丑恶，此乃人中下品；偶尔损人利己，心灵稍有微尘，恰似白璧微瑕，不掩其辉，此乃人中中品；终生不损人利己者，心如明镜，纯净洁白，为世人所敬，此乃人中上品。人心本是水晶之体，容不得半点尘埃。"人世间最宝贵的不是金银财宝，而是一颗宽厚无私、品行高尚的心灵，那是纵有千金也不能买到的稀世珍品。

第二章

蚌含沙孕珍珠,人受苦酝成就

心境平和,对自己说"不要紧"

在生活中,我们遇到不如意的事,学会对自己说"没关系",会让你的生命更有光彩。

田丽曾经是一个多愁善感的女孩,面临生活中一些不如意的事常常会觉得孤立无援,然而一位教授的一节课,却让她改变了自己对生活的看法。

有一次,一位德高望重的教育学教授在田丽的班上说:"我有句三字箴言要奉送各位,它对你们的教学和生活都会帮助,而且可使人心境平和,这三个字就是:'不要紧'。"

田丽领会到了那句三字箴言所蕴涵的智慧,于是便在笔记簿上端端正正地写下了"不要紧"三个大字。她决定不让挫折感和失望破坏自己平和的心情。

后来,她的心态遭到了考验。她爱上了英俊潇洒的周云。他对她很要紧,田丽确信他是自己的白马王子。

可是有一天晚上,周云温柔婉转地对田丽说,他只把她当作普通朋友。田丽以他为中心构想的世界当时就土崩瓦解了。那天夜里田丽在卧室里哭泣时,觉得记事簿上的"不要紧"那几个字看来很荒唐。"要紧得很,"她喃喃地说,"我爱他,没有他我就不能活。"

但第二天早上田丽醒来再看到这三个字之后，就开始分析自己的情况：到底有多要紧？周云很重要，自己很要紧，我们的快乐也很要紧。但自己会希望和一个不爱自己的人结婚吗？

日子一天天地过去，田丽发现没有周云自己也可以生活。田丽觉得自己仍然能快乐，将来肯定会有另一个人进入自己的生活；即使没有，她也仍然能快乐。

几年后，一个更适合田丽的人真的来了。在兴奋地筹备婚礼的时候，她把"不要紧"这三个字抛到九霄云外。她不再要这三个字了，她觉得以后将永远快乐，她的生命中不会再有挫折和失望了。

婚姻生活和生儿育女不会有挫折失望？这当然不可能。有一天，丈夫和田丽得到一个坏消息：他们破产了。

丈夫把信念给田丽听了之后，她看到他双手捧着额头。她感到一阵凄酸，胃像扭作一团似的难受。田丽想起那句三字箴言："不要紧。"她心里想："真的，这一次可真的是要紧！"

可是就在这时候，小儿子用力敲打他的积木的声音转移了田丽的注意力。他看见妈妈看着他，就停止了敲击，对她笑着，那副笑容真是无价之宝。田丽把视线越过他的头望出窗外，有两个小孩正在兴高采烈地合力堆沙堡。在她们的后面，田丽家的几棵洋槐树映衬着无边无际的晴朗碧空。田丽觉得自己的胃不痛了，心情也恢复了平和，她还感到自己在微笑。于是她对丈夫说："一切都会好起来的，损失的只是金钱。实在'不要紧'。"

生命中有很多突发的变故，会给我们的心灵带来巨大的压力，很多人会因为这些压力而变得一蹶不振，甚至会因此而失去生活的勇气。

卡耐基曾说："正如杨柳承受风雨，水适于一切容器一样，我们也要学会承受一切不可逆转的事实，对于那些必然之事我们要学会主动而轻快地承受。"面对这些人生的狂风暴雨，如果我们都能够对自己说一句"不要紧"，然后平静地接受它，时刻保持积极的心态，那么这些人生困难终将过去。

以游戏之心看待挫折

我们从小就学会了做游戏，游戏本身，就是在不断战胜挫折与失败中获取一种刺激与欢乐。假如没有挫折与失败，再好的游戏也会索然无味。人生就如一场游戏，我们作为其中的玩家，真的能像对待现实的游戏一样对待它吗？人们玩游戏，是寻找娱乐，是带着挑战的心情去面对游戏中的困难与挫折的，面对强大的对手，不断地损伤受挫，但越是如此，越会兴头十足。试想，倘若人们在生活中，也有这么一种积极向上的游戏心态，那么失败后，就不会显得那般沉重和压抑。既然如此，我们为何不将挫折变成一种游戏呢？那样便会让痛苦沮丧的心情超然快活起来。

二者其实并无差别，只是人们在游戏中身心放松，而在生活中过于紧张。

每个人的路都不一样，但命运对每个人都是公平的，有得必有失，就看你能不能往好处想。

一个病入膏肓的妇人，整天想象死亡的恐怖，心情坏到了极点。哲学家蓝姆·达斯去安慰她，说："你是不是可以不要花那么多时间去想死，而把这些时间用来考虑如何快乐地度过剩下的时间呢？"

他刚对妇人说时，妇人显得十分恼火，但当她看出蓝姆·达斯眼中的真诚时，便开始慢慢地领悟他话中的诚意。"说得对，我一直都在想着怎么死，完全忘了该怎么活了。"她略显高兴地说。

一个星期之后，那妇人还是去世了，她在死前对蓝姆·达斯说："这一个星期，我活得比前一阵子幸福多了。"

"苦乐无二境，迷悟非两心"，妇人学会了心往好处想，所以在离开人世前仍能感到一丝幸福；如果她仍像以前一样，一味想死，那她只能痛苦地离开人世。

心往好处想，不论何时，不论何事。人可以没有名利，没有金钱，但必须拥有美好的心情。

一个春光明媚的日子，在阳光普照的公园里，许多小孩正快乐地游戏，其中一个小女孩不知绊到了什么东西，突然摔倒了，并开始哭泣。这时，旁边有一个小男孩立即跑过来,别人都以为这个小男孩会伸手把摔倒的小女孩拉起来或安慰鼓励她站起来。但出乎意料的是,这个小男孩竟在哭泣的小女孩身边故意摔了一跤,同时一边看着小女孩一边笑个不停。泪流满面的小女孩看到这情景,也觉得好笑,于是破涕为笑了。

将生活中的挫折和困难视为游戏,不是为了游戏人生,而是为了以积极的心态面对现实,从而克服困难。笑看忧愁,笑看人生,如此而已!

"出丑"是"出众"之母

很多时候,我们都会用这样一句话来鼓励自己:天才是1%的灵感加上99%的汗水。于是,一些人就开始拼命工作,希望能用100%的汗水换来那1%的天分。其实,如果能用汗水弥补的天分,就不是真正的天分了。这个世界上,毕竟只有少数人才能成为天才。所以,我们之中的大多数人都只能在99%里过活,我们的成长总是要伴随着一些无谓的辛苦和无趣的笑话的。

人们都想使自己聪明,都怕在众人面前出丑。这似乎是截然对立的两件事,聪明人绝不会出丑,出丑的人必然是笨蛋。然而,实际生活并非如此。聪明的人有时简直如同一个大傻瓜,他们当众出丑,却若无其事,他们被人嗤笑却自得其乐;然而,他们就这样走向了成功。罗茜读书时网球打得不好,所以老是害怕打输,不敢与人对垒,至今她的网球技术仍然很蹩脚。罗茜有一个同班同学,她的网球比罗茜打得还差,但她不怕被人打下场,越是输越打,后来成了令人羡慕的网球手,成了大学网球代表队队员。

聪明是令人羡慕的,出丑总使人感到难堪。但是,聪明是在无数次出丑中练就的,不敢出丑,就很难聪明起来。

那些勇敢地去干他们想干的事的人是值得赞赏的,即使有时在众人面前出了丑,他们还是洒脱地说:"哦,这没什么!"就是这么一类人,他们还没学会反手球和正手球,就勇敢地走上网球场;他们还没学会基本舞步,就走下舞池寻找舞伴;他们甚至没有学会屈膝或控制滑板,就站上了滑道。

艾米只会说几句法语,她却毅然飞往法国去做一次商业旅行。虽然人们曾告诫她:巴黎人是看不起不会讲法语的人,但她坚持在展览馆、在咖啡店、在爱丽舍宫用法语与每个人交谈。难道她不怕结结巴巴,不怕语塞傻笑、出丑吗?一点也不。因为艾米发现,当法国人对她使用的虚拟语气大为震惊之后,许多人都热情地向她伸出手来,为她的"生活之乐"所感染,从她对生活的努力态度中得到极大的乐趣。他们为艾米喝彩,为所有有勇气做一切事情而不怕出丑的人欢呼。

生活中有些人由于不愿成为初学者,就总是拒绝学习新东西。他们因为害怕"出丑",宁愿闭塞自己,限制自己的乐趣,禁锢自己的生活。

若要改变自己的生活位置,总要冒出丑的风险。除非你决心在一个地方、一个水平上"钉死"了。不要担心出丑,否则你就会无所作为,而且更重要的是你同样不会心绪平静、生活舒畅。你会受到囿于静止的生活而又时时渴望变化的愿望的痛苦煎熬。我们也许应该记住这一点,由于我们害怕出丑,也许会失去许多机会而感到后悔。我们应该记住法国的一句谚语:"一个从不出丑的人并不是一个如他自己想象的聪明人。"

不要抱怨一时的困境

奎尔是一家汽车修理厂的修理工,从进厂的第一天起,他就开始喋喋不休地抱怨,"修理这活太脏了,瞧瞧我身上弄的","真累呀,我简直讨厌死这份工作了"……每天,奎尔都是在抱怨和不满的情绪中度过。他认为自己在受煎熬，在像奴隶一样卖苦力。因此，奎尔每时每刻都窥视着师傅的眼神与行动，稍有空隙，他便偷懒耍滑，应付手中的工作。

转眼几年过去了，当时与奎尔一同进厂的三个工友，各自凭着精湛的手艺，或另谋高就，或被公司送进大学进修，独有奎尔，仍旧在抱怨中做他讨厌的修理工。

抱怨的最大受害者是自己。生活中你会遇到许多才华横溢的失业者，当你和这些失业者交流时，你会发现，这些人对原有工作充满了抱怨、不满和谴责。要么就怪环境条件不够好，要么就怪老板有眼无珠，不识才……总之，牢骚一大堆，积怨满天飞。殊不知这就是问题的关键所在——吹毛求疵的恶习使他们丢失了责任感和使命感，只对寻找不利因素兴趣十足，从而使自己发展的道路越走越窄。他们与公司格格不入，变得不再有用，只好被迫离开。如果不相信，你可以立刻去询问你所遇到的任何10个失业者，问他们为什么没能在所从事的行业中继续发展下去，10个人当中至少有9个人会抱怨旧上级或同事的不是，绝少有人能够认识到自己之所以失业的真正原因。

提及抱怨与责任，有位企业领导者一针见血地指出："抱怨是失败的一个借口，是逃避责任的理由。爱抱怨的人没有胸怀，很难担当大任。"仔细观察任何一个管理健全的机构，你会发现，没有人会因为喋喋不休的抱怨而获得奖励和提升。这是再自然不过的事了。想象一下，船上水手如果总不停地抱怨：这艘船怎么这么破，船上的环境太差了，食物简直难以下咽，以及有一个多么愚蠢的船长……这时，你认为，这名水手的责任心会有多大？对工作会尽职尽责吗？假如你是船长，你是否敢让他做重要的工作？

如果你受雇于某个公司，就发誓对工作竭尽全力、主动负责吧！只要你依然还是整体中的一员，就不要谴责它，不要伤害它，否则你只会诋毁你的公司，同时也断送了自己的前程。如果你对公司、对工作有满腹的牢骚无从宣泄时，做个选择吧。一是选择离开，到公司的门外去宣泄；二是选择留下。当你选择留在这里的时候，就应该做到在其位谋其政，全身心地投入到工作上来，为更好地完成工作而努力。记住，这是你的责任。

一个人的发展往往会受到很多因素的影响，这些因素有很多是自己无法把握的，如工作不被认同、才能不被发现、职业发展受挫等等。在这一现实面前，任何急躁、抱怨都没有益处，只有坦然地接受现实并战胜眼前的痛苦，才能使自己的事业有进一步发展的可能。

博大的心量可以稀释一切痛苦烦恼

从前有座山，山里有座庙，庙里有个年轻的小和尚，他过得很不快乐，整天为了一些鸡毛蒜皮的小事唉声叹气。后来，他对师父说:"师父啊!我总是烦恼,爱生气,请您开示开示我吧!"

老和尚说:"你先去集市买一袋盐。"

小和尚买回来后,老和尚吩咐道:"你抓一把盐放入一杯水中,待盐溶化后,喝上一口。"小和尚喝完后,老和尚问:"味道如何?"

小和尚皱着眉头答道:"又咸又苦。"

然后,老和尚又带着小和尚来到湖边,吩咐道:"你把剩下的盐撒进湖里,再尝尝湖水。"弟子撒完盐,弯腰捧起湖水尝了尝,老和尚问道:"什么味道?"

"纯净甜美。"小和尚答道。

"尝到咸味了吗?"老和尚又问。

"没有。"小和尚答道。

老和尚点了点头,微笑着对小和尚说道:"生命中的痛苦就像盐的咸味,我们所能感受和体验的程度,取决于我们将它放在多大的容器里。"小和尚若有所悟。

老和尚所说的容器,其实就是我们的心量,它的"容量"决定了痛苦的浓淡,心量越大烦恼越轻,心量越小烦恼越重。心量小的人,容不得,忍不得,受不得,装不下大格局。有成就的人,往往也是心量宽广的人,看那些"心包太虚,量周沙界"的古圣大德,都为人类留下了丰富而宝贵的物质财富和精神财富。

其实,我们每个人一生中总会遇到许多盐粒似的痛苦,它们在苍白的心空下泛着清冷的白光,如果你的"容器"有限,就和不快乐的小和尚一样,只能尝到又咸又苦的盐水。

一个人的心量有多大,他的成就就有多大,不为一己之利去争、去斗、去夺,扫除报复之心和嫉妒之念,则心胸广阔天地宽。当你能把虚空宇宙都包容在心中时,你的心量自然就能如同天空一样博大。无论荣辱悲喜、成败冷暖,只要心量放大,自然能做到风雨不惊。

寒山曾问拾得:"世间有人谤我、欺我、辱我、笑我、轻我、贱我、骗我,如何处之?"拾得答道:"只要忍他、让他、避他、由他、耐他、敬他、不理他,再过几年,你且看他。"

如果说生命中的痛苦是无法自控的,那么我们唯有拓宽自己的心量,才能获得人生的愉悦。通过内心的调整去适应、去承受必须经历的苦难,从苦涩中体味心量是否足够宽广,从忍耐中感悟暗夜中的成长。

心量是一个可开合的容器,当我们只顾自己的私欲,它就会愈缩愈小;当我们能站在别人的立场上考虑,它又会渐渐舒展开来。若事事斤斤计较,便把自心局限在一个很小的框框里。这种处世心态,既轻薄了自身的能力,又轻薄了自己的品格。

心量是大还是小,在于自己愿不愿意敞开。一念之差,心的格局便不一样,它可以大如宇宙,也可以小如微尘。我们的心,要和海一样,任何大江小溪都要容纳;要和云一样,任何天涯海角都愿遨游;要和山一样,任何飞禽走兽,都不排拒;要和路一样,任何脚印车轨都能承担。这样,我们才不会因一些小事而心绪不宁、烦躁苦闷!

学会接受不可更改的事实

荷兰阿姆斯特丹有一座15世纪的教堂遗迹,里面有这样一句让人过目不忘的题词:"事必如此,别无选择。"命运中总是充满了不可捉摸的变数,如果它给我们带来了快乐,当然是很好的,我们也很容易接受。但事情却往往并非如此,有时,它带给我们的会是可怕的灾难,这时如果我们不能学会接受它,反而让灾难主宰了我们的心灵,那生活就会永远地失去阳光。

琼妮小姐是新西兰一位建筑商的女儿,移居美国后,曾在休斯敦一家电视台工作,1990年起任CNN摄影记者。1992年6月,她被派往萨拉热窝进行战地采访。在那里,曾有多名记者丧生。

琼妮在萨拉热窝逗留6个星期后，已经习惯周围的流弹，一天清早，一颗子弹击穿车玻璃，正好击中她的脸部，几乎掀掉了她的半边脸，她的颧骨被打得粉碎，牙齿没有了，舌头被打断。送到诊所时，大夫们直摇头，认为她不行了。经过20多次手术后，她又奇迹般地回到了工作岗位。这时的她，下颌仍无感觉，脸部还留着弹片，体重减轻了8公斤。令大家吃惊的是，她要求重返萨拉热窝。她幽默地说："说不定我还能在那里找回我的牙齿。"她甚至想认识一下当初袭击她的枪手。有人问她，见到那个枪手后怎么办。她说："我会请他喝一杯，问他几个问题，比方说当时距离有多远。"

琼妮面对厄运的乐观态度证明她是一个具有坚韧毅力的女孩，正是这种乐观的性格，使她能够迅速摆脱挫折的阴影，积极地投入到新的工作中去。

威廉·詹姆斯说："完全接受已经发生的事，这是克服不幸的第一步。"哲人说："太阳底下所有的痛苦，有的可以解救，有的则不能，若有就去寻找；若无，就忘掉它。"

快乐是什么？快乐是血、泪、汗浸泡的人生土壤里怒放的生命之花，正如惠特曼所说："只有受过寒冷的人才感觉得到阳光的温暖，也只有在人生战场上受过挫败、痛苦的人才知道生命的珍贵，才可以感受到生活之中的真正快乐。"

托尔斯泰在他的散文名篇《我的忏悔》中讲了这样一个故事：一个男人被一只老虎追赶而掉下悬崖，庆幸的是在跌落过程中他抓住了一棵生长在悬崖边的小灌木。此时,他发现,头顶上那只老虎正虎视眈眈,低头一看,悬崖底下还有一只老虎,更糟的是,两只老鼠正忙着啃咬悬着他生命的小灌木的根须。绝望中,他突然发现附近生长着一簇野草莓,伸手可及。于是,这人摘下草莓,塞进嘴里,自语道:"多甜啊!"生命进程中,当痛苦、绝望、不幸和危难向你逼近的时候,你是否还能享受一下野草莓的滋味?"尘世永远是苦海,天堂才有永恒的快乐"是禁欲主义编撰的用以蛊惑人心的谎言,苦中求乐才是快乐的真谛。

当你对生活感到绝望的时候,请再等待3天,希望便会出现。

应邀访美的女作家在纽约街头遇见一位卖花的老太太。这位老太太穿着相当破旧,身体看上去很虚弱,但脸上却满是喜悦。女作家挑了一朵花说:"你看起来很高兴。"

"为什么不呢?一切都这么美好。"

"你很能承担烦恼。"女作家又说。然而,老太太的回答令女作家大吃一惊:"耶稣在星期五被钉在十字架上的时候,那是全世界最糟糕的一天,可3天后就是复活节。所以,当我遇到不幸时,就会等待3天,一切就恢复正常了。"

英格兰的妇女运动名人格丽·富勒曾将一句话奉为真理:"我接受整个宇宙。"是的,你我也应该能接受不可避免的事实。即使我们不接受命运的安排,也不能改变事实分毫,我们唯一能改变的只有自己。成功学大师卡耐基也说:"有一次我拒不接受我遇到的一种不可改变的情况。我像个蠢蛋，不断作无谓的反抗，结果带来无眠的夜晚，我把自己整得很惨。终于，经过一年的自我折磨，我不得不接受我无法改变的事实。"

面对现实，并不等于束手接受所有的不幸。只要有任何可以挽救的机会，我们就应该奋斗！但是，当我们发现情势已不能挽回时，我们最好就不要再思前想后，拒绝面对，要接受不可避免的事实，唯有如此，才能在人生的道路上掌握好平衡。

不能改变环境，就学着适应它

诸葛亮说："腐儒俗士岂识时务，识时务者在乎俊杰。"

什么是识时务呢？识时务即指认清事物的变化方向，了解问题的特征，就如同垂钓之人了解鱼的习性，湘菜馆老板了解湘菜的发展趋势一样。懂得这样做的人才是高明之人，才堪称俊杰。

很多人都在问："社会变化了，我能够做什么？"这个问题给

很多人造成了心理障碍，让他们陷入了痛苦的深渊。

如果你的天赋和内心要求你从事木工工作，那么你就做一个木匠；如果你的天赋和内心要求你从事医学工作，那么你就做一名医生。人的生存离不开环境，环境一旦变化，我们必须随时调整自己的观念、思想、行动及目标，以适应这种变化，这是生存的客观法则。

但是，有时环境的发展，与我们的事业目标、欲望、兴趣、爱好等发展是不合拍的，有时甚至会阻碍、限制我们欲望和能力的发展。在这个时候，如果我们有能力、有办法来适应环境，使之满足我们能力和欲望的发展需求，则是最难能可贵的。

刚刚毕业于某高校音乐学院的小李，被分配到一家国企的工会做宣传工作。刚开始，他很苦恼，认为自己的专业才能与工作不对口，在这里长干下去，不但自己的前途会被耽误，而且自己的专长也可能荒废。于是，他四处活动，想调到一个适合自己发展的单位。可是，几经折腾，终未成功。最后，他便死心塌地地安守在这个工作岗位上，并发誓要改变"英雄无用武之地"的状况。他找到单位工会主席，提出了自己要为企业筹建乐队的计划。正好这个企业刚从低谷走出来，扭亏为盈，开始进入高速发展时期，自然也想大张旗鼓地宣传企业形象，提高产品的知名度，就欣然同意了他的计划。他来了精神，跑基层、寻人才、买器具、设舞台、办培训，不出半年，就使乐团初具了规模。两年以后，这个企业乐团的演奏水平已成为全市一流，而且堪与专业乐团相媲美，而他自己也成了全市知名度较高的乐队经理。通过自己的努力，他完全改变了自己所处的环境，化劣势为优势，不但开辟出了自己施展才能的用武之地，而且培养了自己的领导管理才能，为他以后寻求更大的发展奠定了坚实的基础。

适应环境需要许多条件，但最重要的是你的信心与智慧，它们相辅相成、缺一不可，有了适应环境的决心和勇气，肯定能够想出解决问题的好方法。

但现实生活中，有的人却不这样，他们改变不了环境，也不利用环境去努力寻找、开创新的机遇，而是怨天尤人、自暴自弃，把自己逼到了死角，一生难有任何作为。

其实，我们经常会身处一个陌生、被动的环境中，而环境本身往往又是不容易被改变的。这时正确的做法就是适应环境，在适应中改变自己、提升自己。

"自己的命运掌握在自己手中。"当你无法改变身处的环境时，就应该以一种积极、向上的态度去适应它，在你付出勤奋、敬业后，便会发现成功已悄然来临。如果有一天你实现了自己的人生目的，你应该自豪地对自己说："我掌握了命运，这都是我适时调整自己的结果。"

一个人要想生存，要想成为强者，就必须跟着时代的步伐一起前进。也就是说，我们要想改变生存环境，必须首先顺应生存环境的发展变化。如果一个人想改变生存环境，却不能首先顺应环境的发展变化，那么，想改变环境的目的则是不可能达到的。

关上一道门后,总有另一扇窗打开

在人的一生中,每个人都不能保证事业一帆风顺。很多刚刚步入社会的年轻人,自身的经验、才能都尚在成长之中,加上社会上竞争激烈,各个用人单位对人才的要求不尽相同,这期间面试遭淘汰,或者工作不适被辞退,这都是很正常的事情。你不必为此屈辱不堪,耿耿于怀。生活中谁都难免遭遇到挫折,只要你树立信心,继续努力,生活中,肯定会有"柳暗花明又一村"的新景象。

在面试中,被淘汰并不是一件坏事,这家单位不要你,总会有一家适合你的"伯乐"。路正在脚下,即使我们被单位解聘淘汰了也不用去计较,走过去,前面有更光明的一片天空在等着我们。

西娅在维伦公司担任高级主管,待遇优厚。很长一段时间,她都为到底去什么地方度假而烦恼。但是情况很快就变得糟糕起来。为了应对激烈的竞争,公司开始裁员,西娅也在其中。那一年,她43岁。

"我在学校一直表现不错!"她对好友墨菲说,"但没有哪一项特别突出。后来,我开始从事市场销售。在30岁的时候,我加入了那家大公司,担任高级主管。

"我以为一切都会很好,但在我43岁的时候,我失业了。那感觉就像有人给了我的鼻子一拳。"她接着说,"简直糟糕透了。"

西娅似乎又回到了那段灰暗的日子,语气也沉重了许多。"有一段时间,我不能接受自己失业的事实。躲在家里,不敢出门,因为每当看到忙碌的人们,我都会觉得自己没用,脾气也越来越大,孩子们也越来越怕我。情况似乎越来越糟糕。但就在这时,转机出现了。一个月后,一个出版界的朋友问我,如何向化妆业出售广告。这是我擅长的东西。我重新找到了自己的方向:为很多上市公司提供建议,出谋划策。"

两年后,西娅已经拥有了自己的咨询公司。她已经不再是一个打工者,而是成了一个老板,收入自然也比以前多了很多。

"被裁员是一件糟糕的事情,但那绝对不是地狱。也许,对你自己来说,可能还是一个改变命运的机会,比如现在的我。重要的是如何看待,我记得那句名言:世界上没有失败,只有暂时的不成功。"西娅真诚地对墨菲说。

当生活为你关上一扇门时,上帝同时又会为你打开另一扇门。生活在竞争异常激烈的今天,我们应该做好充分的心理准备迎接挑战。世界充满了就业的机遇,也充满了被淘汰的可能。被淘汰不一定是坏事,也许这正是上帝在以另一种方式告诉你,你未尽其才,你需要寻找更适合你发展的空间。即使你的淘汰确实是因为你的能力暂时不足,只要你再接再厉,努力去争取,谁能说你的明天会不如现在呢?

直面苦难,包容残缺

面对人生意外来临的苦难,我们应该不被其吓倒,敢于面对,敢于承担。对于当事人来说,本该可以避免的——如果当时能多克制自己一下,耐心一点,言语方式都柔婉一些,总之,如果有一颗包容的心,类似的悲剧就不会发生。

这是一个真实的故事:

一个从越战归来的士兵从旧金山打电话给他的父母,对他们说:"爸妈,我回来了,可是我有个请求。我想带一个朋友同我一起回家。""当然好啊。"父母回答,"我们会很高兴见到他的。"

不过儿子接下去说:"可是有件事我想先告诉你们,他在越战里受了重伤,少了一条胳膊和一只脚。他现在走投无路,我想请他回来和我们一起生活。"父亲沉默了一会儿,说:"儿子,我很遗憾,不过或许我们可以帮他找个安身之处。"

儿子的声音有些颤抖:"难道你们不能接受一个残疾人和你们生活在一起吗?"父亲说:"儿子,你不知道自己在说些什么。像他这样残障的人会对我们的生活造成很大的负担。我们还有自己的生活要过,不能就让他这样破坏了。我建议你先回家,然后就忘了他吧,他也有他自己的生活,而这是不应该和我们纠缠在一起的。"儿子沉默了,挂断了电话。之后,他的父母再也没有收到他的消息。

过了一段时间,焦急的父母接到了来自旧金山警局的电话,告诉他们亲爱的儿子已经坠楼身亡了。警方认为这只是单纯的自杀案件,伤心欲绝的父母飞往旧金山,在警方的带领下去停尸间辨认儿子的遗体。那的确是他们的儿子,可是,令他们不能置信的是,儿子居然只有一条胳膊和一条腿。

如果那对父母能包容一些,同意接纳儿子所谓的朋友,那他们也就不会永远地失去自己的儿子。对于我们来说,接受那些健康、美丽、聪明、富裕的人是很容易的,可是要接受不如我们健康、美丽、聪明或富裕的人就比较不容易了。我们几乎是下意识地会回避那些不如我们的人,因为害怕他们会搅乱我们平静的生活。这,难道不是自私吗!

生活中总是有这样或那样的问题,我们要做一个能包容、心态坦然的人,这样才能成为一个坚强的人,在任何苦难之前都要坚持住,永远、永远不被击倒。

原来我们可以如此幸运

听说过这样一句话:"在这个世界上,你是自己最好的朋友,你也可以成为自己最大的敌人。"当你接受自己、热爱自己时,你的心里就充满了阳光；而当你排斥自己、讨厌自己时，你的心灵就会被冰雪覆盖。你要知道，微不足道的一点烦恼也可以染黑你的整个生活。

据说，有一个富翁，为了教每天精神不振的孩子知福惜福，便让他到当地最贫穷的村落住了一个月。一个月后，孩子精神饱满地回家了，脸上并没有带着"下放"的不悦，让富爸爸感到不可思议。爸爸想要知道孩子有何领悟，问儿子："怎样？现在你知道，不是每个人都能像我们过得这么好吧？"

儿子说："是的，他们过的日子比我们还好。因为，我们晚上只有灯，他们却有满天星空。我们必须花钱才买得到食物，他们吃的却是自己的土地上栽种的免费粮食。

"我们只有一个小花园，对他们来说到处都是花园。

"我们听到的都是噪音，他们听到的都是自然音乐。

"我们工作时神经紧绷，他们一边工作一边大声唱歌。

"我们要管理佣人、管理员工，他们只要管好自己。

"我们要关在房子里吹冷气，他们在树下乘凉。

"我们担心有人来偷钱，他们没什么好担心的。

"我们老是嫌菜不好，他们有东西吃就很开心。

"我们常常失眠，他们睡得好安稳。所以，谢谢你，爸爸。你让我知道，我们可以过得那么好。"

踏入社会的年轻人，无论思想还是为人处世，都有甚多不成熟的地方，却又希望事事做到完美，人人都能赞许他。但当这种想法不能实现时，他们就很轻易地陷入不如意的境地。

也许，你并不确切地了解自己幸运与否。没关系，这儿有一份专家们的"全球报告"，来细细地对照一下吧：如果我们将全世界的人口压缩成一个100人的村庄，那么这个村庄将有：57名亚洲人，21名欧洲人，14名美洲人和大洋洲人，8名非洲人；52名女人和48名男人；6人拥有全村财富的89%，而这6人均来自美国；80人住房条件不好；70人为文盲；50人营养不良；1人正在死亡；1人正在出生；1人拥有电脑；1人（对，只有1人）拥有大学文凭。

如果我们从这种压缩的角度来认识世界，我们就能发现：

假如你的冰箱里有食物可吃，身上有衣可穿，有房可住，有床可睡，那么你比世界上75%的人更富有。假如你在银行有存款，钱包里有现钞，口袋里有零钱，那么你属于世界上8%最幸运的人。假如你父母双全没有离异，那你就是很稀有的地球人。假如你今天早晨起床时身体健康，没有疾病，那么你比其他几千万人都幸运，他们甚至看不到下周的太阳。假如你从未尝试过战争的危险、牢狱的孤独、酷刑的折磨和饥饿的煎熬，那么你的处境比其他5亿人更好。假如你能随便进出教堂或寺庙而没有任何被恐吓、强暴和杀害的危险，那么你比其他30亿人更有运气。假如你读了以上的文字，说明你就不属于20亿文盲中的一员，他们每天都在为不识字而痛苦……

看吧，我们原来这么幸运。只要肯用心去面对，用心去体会，我们当下拥有的，足以幸福一生了。

学会豁达一些，在盯着他人财富的同时，也清点一下自己的所有，你会发觉，自己的运气其实一点都不差。

从新的视角拍摄生活的乐趣

一少妇投河自尽，被正在河中划船的船夫救起。船夫问："你年纪轻轻，为何自寻短见？""我结婚才两年，丈夫就抛弃了我，接着孩子又病死了。您说我活着还有什么意思？"船夫听了，想了一会儿，说："两年前，你是怎样过日子的？"少妇说："那时的我自由自在，没有任何烦恼……""那时你有丈夫和孩子吗？""没有。""那么你不过是被命运之船送回到两年前去了。现在你又自由自在，没有任何烦恼了，你还有什么想不开的？请上岸去吧……"

听了船夫的话，少妇仿佛做了一个梦，她揉了揉眼睛，想了想，心中豁然开朗。从此，她没有再寻短见。她从另一个角度看到了希望的曙光。

有位哲人说:"我们的痛苦不是问题的本身带来的,而是我们对这些问题的看法而产生的。"这句话很经典,它引导我们学会解脱。解脱的最好方式是面对不同的情况时,用不同的思路从多角度分析问题。因为事物都是多面性的,视角不同,所得的结果就不同。

要解决一切困难是一个美丽的梦想,但任何一个困难都是可以解决的。一个问题就是一个矛盾的存在,而每一个矛盾只要找到了合适的介点,就可以把矛盾的双方统一。这个介点不停地变幻,它总与那些处在痛苦中的人玩游戏。转换看问题的视角,就是不能用同种方式去看所有的问题和问题的所有方面。如果那样,你肯定会钻进死胡同,离介点越来越远,处在混乱的矛盾中不能自拔,就像故事中的那个少妇一样容易产生轻生的念头。

活着是需要睿智的。如果你能换个视角看问题,你就会看到事物美好的一面;换个视角看人生,你就会从容坦然地面对生活。当痛苦向你袭来的时候,不要悲观气馁,要寻找痛苦的原因、教训及战胜痛苦的方法,勇敢地面对多舛的人生。

换个视角看人生,你就不会为战场失败、商场失手、情场失意而颓废,也不会为名利加身、赞誉四起而得意忘形。

换个视角看人生,是一种突破、一种解脱、一种超越、一种高层次的淡泊宁静。换一个视角看待世界,世界无限宽大;换一种立场对待人事,人事无不自在。

第二章
能容得下人，才能成得了事

人与人，在互惠中成长

运动场上非赢即输的角逐、学习成绩的分布曲线向我们灌输非此即彼的思维方式，于是我们常常通过输赢的"有色眼镜"看人生。倘若不能唤醒内在的知觉，只为了争一口气而奋斗，人与人一辈子都只会活在狭隘的世界中。从来不去用互惠双赢的思维解决问题，无论是对个人还是对整体，这将是多么大的损失。

互惠互利的思维鼓励我们在解决问题时，要共同探讨，以便能够找到切实可行并令所有人受惠的方法。现在已经不是一个"天下唯我独尊"的时代，人们更倾向于达到一种共荣共赢的状态。有这样一个故事，真假且不去分析，从中你可以更深刻地明白何谓共赢。

在美国的一个

小村子里，住着一个老头，他有三个儿子。大儿子、二儿子都在城里工作，小儿子和他在一起，父子相依为命。

突然有一天，一个人找到老头，对他说："尊敬的老人，我想把你的小儿子带到城里去工作。"老头气愤地说："不行，绝对不行，你滚出去吧！"这个人说："如果我给你儿子找的对象，也就是你未来的儿媳妇是洛克菲勒的女儿呢？"老头想了想，终于，让儿子当上洛克菲勒女婿这件事打动了他。过了几天，这个人找到洛克菲勒，对他说："尊敬的洛克菲勒先生，我想给你的女儿找个对象。"洛克菲勒说："快滚出去吧！"这个人又说："如果我给你女儿找的对象，也就是你未来的女婿是世界银行的副总裁，可以吗？"洛克菲勒同意了。

又过了几天，这个人找到了世界银行总裁，对他说："尊敬的总裁先生，你应该马上任命一个副总裁！"总裁先生说："不可能，这里这么多副总裁，我为什么还要任命一个副总裁呢，而且还必须是马上？"这个人说："如果你任命的这个副总裁是洛克菲勒的女婿，可以吗？"结果自然可知，总裁先生同意了。

人与人，在互惠中寻求共赢。共赢思维是一种基于互敬、寻求互惠的思考框架与心意，目的是获得更多的机会、财富及资源，而非敌对式竞争。

所以，大家好才是真的好，大家赢才是真的赢。人与人相处，应该像离开水的螃蟹，螃蟹在陆地上也可以生存，不过离开水的时间不能太久，所以它们需要不停地吐泡沫来弄湿自己和伙伴。一只螃蟹吐的沫是不大可能把自己完全包裹起来的，但几只螃蟹一起吐泡沫连接起来就形成了一个大的泡沫团，它们也就营造了一个能够容纳自己的富含水分的生存空间，彼此都争取到了生存的机会。

告别"独行侠"时代，你才可以"笑傲江湖"

工作中，有人自视甚高，以为做事"舍我其谁"。他们喜欢单干，如高傲的"独行侠"一般，以自我为中心，极少与同事沟通交流，更不会承认团队对自己的帮助。

有人也许会有疑问：有些天才就是特立独行的，他们也取得了巨大的成就，伟大的成就有时候就是需要别具一格啊！是的，在一些领域里，具有非凡天赋和付出超人努力的人会取得巨大的成就，比如凡·高和爱因斯坦。但是再有才华的人取得的成就也是以前人的成就为基础的，而且在企业里，这样的人是不可能取得长期成功的，苹果电脑的创始人之一史蒂夫·乔布斯正是其中的代表人物。

美国航天工业巨头休斯公司的副总裁艾登·科林斯曾经评价乔布斯说："我们就像小杂货店的店主，一年到头拼命干，才攒那么一点财富。而他几乎在一夜之间就赶上了。"乔布斯22岁开始

创业,从赤手空拳打天下,到拥有2亿多美元的财富,他仅仅用了4年时间。不能不说乔布斯是有创业天赋的人。然而乔布斯因为独来独往,拒绝与人团结合作而吃尽了苦头。

他骄傲、粗暴,瞧不起手下的员工,像一个国王高高在上,他手下的员工都躲避他。很多员工都不敢和他同乘一部电梯,因为他们害怕还没有出电梯之前就已经被乔布斯炒鱿鱼了。

就连他亲自聘请的高级主管——优秀的经理人、百事可乐公司饮料部前总经理斯卡利都公然宣称:"苹果公司如果有乔布斯在,我就无法执行任务。"

对于二人势同水火的形势,董事会必须在他们之间决定取舍。当然,他们选择的是善于团结的斯卡利,而乔布斯则被解除了全部的领导权,只保留董事长一职。对于苹果公司而言,乔布斯确实是一个大功臣,是一个才华横溢的人才,如果他能和手下员工们团结一心的话,相信苹果公司是战无不胜的,可是他选择了"独来独往",不与人合作,这样他就成了公司发展的阻力,他越有才华,对公司的负面影响就越大。所以,即使是乔布斯这样的出类拔萃的开创者,如果没有团队精神,公司也只好忍痛将他从不合适任职的岗位撤离。

事实上,一个人的成功不是真正的成功,团队的成功才是最大的成功。对于每一个职场人士来说,谦虚、自信、诚信、善于沟通、团队精神等一些传统美德是非常重要的。团队精神在一个公司、在一个人事业的发展过程中都是不容忽视的。

松下公司总裁松下幸之助访问美国时,《芝加哥邮报》的一名记者问他:"您觉得美国人和日本人哪一个更优秀呢?"这是一个相当尴尬的问题,说美国人优秀,无疑伤害了日本人的民族感情;说日本人优秀,肯定会惹恼美国人;说差不多,又显得搪塞,也显示不出一个著名企业家应有的风度。

这位聪明的企业家说:"美国人很优秀,他们强壮、精力充沛、富于幻想,时刻都充满着激情和创造力。如果一个日本人和一个美国人比试的话,日本人是绝对不如美国人的。"美国记者十分高兴:"谢谢您的评价。"正当他沾沾自喜的时候,松下幸之助继续说:"但是日本人很坚强,他们富有韧性,就好像山上的松柏。日本人十分注重集体的力量,他们可以为团体、为国家牺牲一切。如果10个日本人和10个美国人比试的话,肯定可以势均力敌,如果100个日本人和100个美国人比试的话,我相信日本人会略胜一筹。"美国记者听了目瞪口呆。

"没有完美的个人，只有完美的团队"，这一观点已被越来越多的人所认可。每个人的精力、资源有限，只有在协作的情况下才能达到资源共享。

单打独斗的年代已经一去不复返，只有懂得合作的人才能借别人之力成就自己，并获得双赢。朋友，你想成为真正的笑傲职场的"英雄"吗？那就彻底告别"独行侠"的角色吧。

胸襟有多大，成就就有多大

如同千人千面，人的度量也是千差万别的。有的人豁达大度，"将军额上能跑马，宰相肚里能撑船"；有的人睚眦必报，锱铢必较，你碰我一拳我一定踢你一脚。

人非圣贤，谁能没有七情六欲，即使是讲究"跳出三界外，不在五行中"的佛门中人，也还要常常念叨"出家人以慈悲为怀，善哉！善哉！"为的是时时提醒自己宽容大度。何况凡尘中人。

义青禅师尚未正式开示说法前，曾在法远禅师处求法。有一次，法远禅师听闻圆通禅师在邻县说法，便让义青禅师去圆通禅师那里求法。

义青禅师极不愿意，他认为圆通禅师并不高明，又不愿违逆法远禅师，便不情不愿地去了。但到了圆通禅师那里，义青禅师并不参问，只是贪睡。

执事僧看不过去，就告诉圆通禅师说："堂中有个僧人总是白天睡觉，应当按法规处理了。"

圆通禅师一向只听执事僧讲听者的虔诚，还不曾听说谁在堂上睡觉，便很惊讶地问："是谁？"

执事僧回答："义青上座。"

圆通禅师想了想，便说："这事你先不要管，待我去问一问。"

圆通带着拄杖走进了僧堂，果然看到义青正在睡觉。圆通禅师便敲击着义青禅师的禅床呵斥说："我这里可没有闲饭给吃了以后只会睡大觉的上座吃。"

义青禅师却似刚睡醒般地问道："和尚叫我干什么？"

圆通禅师便问："为什么不参禅去？"

义青禅师回答："食物纵然美味，饱汉吃来不香。"

圆通禅师听出义青禅师话里的机锋，说："可是不赞成上座的有很多人。"

义青禅师则胸有成竹地回答："等到赞成了，还有什么用？"

圆通禅师听其言谈，知其来历一定不凡，就问："上座曾经见过什么人？"

义青禅师回答："法远禅师。"

圆通禅师笑道："难怪这样顽赖！"

随之，两人握手，相对而笑，再一同回方丈室。义青禅师因

此而名声远扬。

圆通禅师能够让法远禅师敬重,并要求义青禅师前去听法,很可能就是因为圆通禅师的容人雅量。义青禅师在圆通禅师面前的自信,多少显示出对圆通禅师的轻视。圆通禅师在询问过程中不会没有察觉。倘若圆通禅师没有容人的雅量,不能对义青禅师的轻慢一笑置之,估计义青禅师是免不了被扫地出门的。但是幸运的是,义青禅师遇到的是能够容人的圆通禅师,圆通禅师不仅能够容忍他的轻慢之举,而且能够肯定他,抬举他,给他应有的地位。

有容乃大,忍者无敌。很多时候一个人之所以能够被人敬仰,受人尊敬,不在于他的能力有多高,相貌有多体面,知识有多渊博,而在于他有宽广的胸襟,能够容人之不能。这种人,不会因他人对自己的轻慢,而轻易对他人进行简单地否定。

一个人度量的大小,固然与他的思想修养、道德水平、文化程度、社会经历乃至脾气性格都有关系,然而远大的理想抱负和广博的境界则是开阔胸襟的根本原因。

境界是可以后天修炼的,度量也是可以变化的,随着社会经历的日渐丰富和生活环境、社会地位的变化,度量在思想锻炼和修养培养的过程中也会不断发生变化。度量小的可能变得宽容大度,度量大的也可能变得小肚鸡肠。

西方近代天文学之父弟谷也曾是一个度量狭小的人。他念书时,因为在一个数学问题上与一个同学发生了争吵,最后竟与人决斗。在决斗中,弟谷的鼻子被对方的剑刃削掉,为了维护容貌,后来不得不装上个假鼻子。从这次遭遇中,他意识到度量狭小的害处,就开始改变自己处世的态度。后来,他无私地援助开普勒研究天文,并容忍了他的误解和无礼。开普勒后来回忆说:自己之所以发现行星运动的规律,完全得益于弟谷的大度和提挈。

俗话说:"最大的是心,最小的也是心。"心胸狭窄,只会使自己局限于一隅,难以有所建树。而对于一个想有所作为的人而言,唯有宽大容物才能成就自己。胸襟宽广,就能够团结一切人,能够成就大事。正所谓有多大胸襟就有多大成就。

你可以不认同,但不必排斥

法国的启蒙思想家伏尔泰说:"虽然我不同意你的观点,但我誓死捍卫你说话的权利。"这是西方人对尊重个体与尊重自由的呐喊。而在东方,讲究的是包容,是海纳百川,是泽被万物,是儒家这一主体思想对外来佛教的包容与融合。是接受彼此的差异化,求同存异,是和谐共处,因此这一文化之源流几千年不断绝。

星云大师谈到佛教传到中国时,颇有感慨地说道:中国和佛教始终是和谐的。佛教文化被悠久的中华文化所接纳,并且继续发扬光大,成为中国的佛教。佛教对得起中国,中国也不负佛教,正是两者之间相互的包容造就了这和谐的一切,接着,大师说了一句朴实却振聋发聩的话:你可以不信,但不必排斥。这不仅适用于对宗教的信仰,也适用于每个人为人处世,待人接物。做人需要求同存异。

在喜马拉雅山中有一种共命鸟。这种鸟只有一个身子,却有两个头。有一天,其中一个头在吃美果,另一个头则想饮清泉,由于清泉离美果的距离较远,而吃美果的头又不肯退让,于是想喝清水的头十分愤怒,一气之下便说:"好吧,你吃美果却不让我喝清水,那么我就吃有毒的果子。"结果两个头都同归于尽。

还有一条蛇,它的头部和尾部都想走在前面,互相争执不下,于是尾巴说:"头,你总在前面,这样不对,有时候应该让我走在前面。"头回答说:"我总是走在前面,那是按照早有的规定做的,怎能让你走在前面?"两者争执不下,尾巴看到头走在前面,就生了气,卷在树上,不让头往前走,它趁着头放松的机

会，立即离开树木走到前面，最后掉进火坑被烧死了。

无论是两头鸟还是那条头尾相争的蛇，因为不知道求同存异的这个道理，最终导致两败俱伤，受到伤害的终究还是自己。如果那只鸟的一个头能够先让另一只喝到水，再过去吃鲜果，那自己也不是没有什么损失吗？只是哪个先哪个后的问题。人有时候实际上和这两只鸟一样，只要不计较个人得失，就不会让自己和别人受难。

这世上的事物千差万别，人与人之间也存在着众多的差异，生活背景、生活方式、个性、价值观等的差异，让我们的相处也存在着或多或少的困难，无所谓希望或者失望、信任或者背叛，我们所能做的只能是相互尊重、相互包容、求同存异、真诚相对，而不必强求一致。

正是因为这种差异性的存在，在客观上便要求我们要做到"求同存异"，即在寻找相互之间相同的地方的同时，也要尊重相互之间客观存在的差异性，从而实现相互之间的合作。因此，要做到"求同存异"，"尊重"是基础，而且还需要有耐心、能包涵、心胸开阔。如果能将这一条与取长补短、开诚布公协调运用，那么，不仅双方能表达得更为舒畅，而且还能从中学到不少的新东西。

我们要逐渐学会求同存异，保留相同的利益要求，与人相处也要照顾别人的利益，在自己的利益与别人的利益之间求中间值，让自己的利益和别人的利益都得到实现。

如果我们不懂得求同存异，那么，我们就很有可能在面临差异与分歧的时候相互争斗，最终使双方都受到巨大的伤害。在生活和工作中，我们也该本着"求同存异"的原则与他人相处。寻找人与人之间的共同点往往是我们打造良好人际关系的开始，也是求同存异的前提条件，并且在共同点的基础之上相互尊重对方的差异性，只有这样才能与对方进行合作，并且最终取得双赢的局面。

能够包容他人才能被更多人接纳

《易经》的第二卦坤卦的开头有这样一句话："地势坤，君子以厚德载物。"这句话被国学大师张岱年先生认为是国学精华的一颗明珠。而今这句话被广为推崇，它的字面意思是：大地是宽广、包容万物的，君子就应当像大地一样，有厚重的道德能容忍他物。张岱年先生是这样解释这句话的：厚德载物是一种宽容的思想，对不同意见持一种宽容的态度，对中国的思想、学术、文化、社会的发展都起了很大的作用，宽容的态度在中国文化里面起了主导作用，是一种健康正确的思想。

的确如张岱年先生所说，五千年的中国历史其实就是一部宽容发展的历史。中华民族能够长盛不衰，中华文明能够历久弥新,就在于我们的民族精神里闪耀着宽容大度的光辉。从汉朝昭君出塞与呼韩邪单于和亲,到文成公主千里入西藏与松赞干布成婚,从唐太宗对俘获的东突厥首领颉利可汗宽容以待,成就万国来朝的盛世气象,到而今我国加强国际贸易,呈现中国和善的国际形象……中华民族的历史无不闪耀着宽容的
光芒。宽容大度的态度,一直是流淌在我们民族文化中的一股血液。正是这股血液,成就了中华民族的博大精神,成就了华夏古国的永远年轻。正如张岱年先生所说,中国文化的特点之一就是宽容、博大。

　　世界发展到今天,一些国家、民族在地球上已经消失。而我们的祖国已经有五千多年的历史了,依然年轻而有活力,就是因为我们的文化是宽容的,我们的民族是宽容的,我们的思想是宽容的。可见,宽容有着多大的作用,对于国家、民族来说,宽容能使国家强盛、民族强大。对于个人来说,宽容能使一个人得到他人的信服和帮助,宽容能成就一个人伟大的理想。

　　服装界有名的商人马亮是一个善于容人的经营者,他的成功就和自己善于包容不同个性的人才有很大关系。

马亮刚入服装行业的时候，有一次他拿着样衣经过一家小店，却无缘无故地被店主讥讽嘲笑了一通，说他的衣服只能堆在仓库里，再过10年也卖不出去。马亮并未反唇相讥，而是诚恳地请教，店主说得头头是道。马亮大惊之下，愿意高薪聘用这位怪人。没想到这人不仅不接受，还讽刺了马亮一顿。马亮没有放弃，运用各种方法打听，才知道这位店主居然是一位极其有名的服装设计师，只是因为他自诩天才、性情怪僻而与多位上司闹翻，一气之下发誓不再设计服装，改行做了小商人。

马亮弄清原委后，三番五次登门拜访，并且诚心请教。这位设计师仍然是火冒三丈，劈头盖脸地骂他，坚决不肯答应。马亮毫不气馁，常去看望他，经常和他聊天并给予热情的帮助。这位怪人到最后，也很不好意思了，终于答应马亮，但是条件非常苛刻，其中包括他一旦不满意可以随意更改设计图案，允许设计师自由自在地上班等。果然，这位设计师虽然常顶撞马亮，让他下不了台，但其创造的效益很巨大，帮助马亮建立了一个庞大的服装帝国。

从这个小故事中，我们可以看出宽容的巨大作用。你待人宽宏，你就能得到别人的感激和回报。如果你待人刻薄，不懂宽大为怀、宽能容人的道理，在生活中你就会孤立无援。这位设计师的脾气不可谓不怪异，甚至有点恃才傲物，但是马亮慧眼识金，懂得他的价值所在，对他的缺点和不足一一宽容，使他帮助自己走上了事业的成功之路。

"地势坤,君子以厚德载物",大地因为宽广,才容得下山川草木、森林河流。一个君子就应该从大自然的启发中,培养自己宽容的胸襟,牢记"厚德载物"这一国学精华的古训。在现实生活中,用自己的一举一动践行"君子以厚德载物"的人生信条。

回避不良竞争,不抢同行盘中餐

虽然说没有竞争就没有进步,可是商场之中一旦陷入恶性竞争,就可能会因争权夺利而不择手段。

胡雪岩创业之初很担心因为同行的恶性竞争而阻碍自己事业的发展,所以在他经营阜康钱庄的时候,就一再发表声明:自己的钱庄不会挤占信和钱庄的生意,而是会另辟新路,寻找新的市场。

这样一来,属于同一行业范畴的信和钱庄,不是多了一个竞争对手,而是多了一个合作伙伴。心中的顾虑消除了,信和钱庄自然很乐意支持阜康钱庄的发展。在后来的发展历程中,阜康钱庄遇到发展危机的时候,信和能够主动给予帮助,也是因为当初胡雪岩"不抢同行盘中餐"的正确性所在。

在阜康钱庄发展十分顺利的时候,胡雪岩插手了军火生意。这种生意利润很大,但是风险也大,要想吃这一碗饭,没有智慧是不行的。胡雪岩凭借努力，很快进入军火市场，也做成了几笔大生意。这样一来，胡雪岩在军火界的名声也就越来越响了。

一次，胡雪岩打听到了一个消息，说外商将引进一批精良的军火。消息一确定，胡雪岩马上行动起来了，他知道这将是一笔大生意，所以赶紧找外商商议。凭借胡雪岩高明的谈判方式，他很快与外商达成了协议，把这笔军火生意谈成了。

可是，这笔生意做成不久，外面就有传言说胡雪岩不讲道义，抢了同行的生意。胡雪岩听了后，赶紧确认。原来，在他还没有找外商谈军火一事之前，有一个同行已经抢先一步，以低于胡雪岩的价格买下了这批货，可是因为资金没有到位，还没来得及付款，就让胡雪岩以高价收购了。

弄清楚情况以后，胡雪岩赶紧找到那个同行，跟他解释说自己是因为不知道，所以才接手了这单生意的。他甚至主动提出，这批军火就算是从那个同行手中买下来的，其中的差价，胡雪岩愿意全额赔偿。那个同行感动不已，暗叹胡雪岩是个讲情义的人。

协商之后，胡雪岩做成了这单生意，同时也没有得罪那个同行，在同业中的声誉比以前更高了。这种通融的方式让他消除了在商界发展的障碍，也成了他日后纵横商场的法宝。

在商场上，竞争尤为激烈。如果出现不良竞争，虽然受益的是顾客，但是如果因为竞争而造成了成本不足，导致产品的质量下降，直接受损失的还是顾客。

俗话说："同行是冤家。"但并不是说同行就必须要"打破脸，撕破皮"，互相看不上眼，老死不相往来。而是应该彼此给对方留一些发展空间，这样才能在危机到来的时候达成一致，共渡难关。

每个人的身上都有着属于自己的优点，商场中也是一样的。各家的经营手段不同，其中一定有好的一面可以让大家学习，能够看到对方的优点，回避对方在发展中的不足，这也是有利于大家共同发展的一种手段。

没有永远的敌人：学会妥协，力求共赢

英国前首相丘吉尔曾说过："世界上没有永远的敌人，也没有永远的朋友，只有永远的利益。"这句话如果引申到商业中，就是说利益是现代所有商业合作的根基。合作是为了从消费满溢的市场中分得一杯羹，从而达到双方都比较满意的效果。因此，双赢成为现代企业合作的最佳状态。

2004年12月8日上午9点，联想集团宣布以12.5亿美元收购IBM个人电脑事业部，收购的范围涵盖了IBM全球台式电脑和笔记本电脑的全部业务。这一为世人所瞩目的收购项目在经过13个月的并购谈判后终于画上了一个圆满的句号。

通过对 IBM 全球个人电脑业务的并购，联想的发展历程整整缩短了一代人的时间，年收入从过去的 30 亿美元猛增到 100 亿美元，一跃成为世界第三大 PC 制造商。联想也因此成为我国率先进入世界 500 强行列的高科技制造业企业，并拥有 IBM 的"Think"品牌及相关专利、IBM 深圳合资公司、位于日本和美国北卡罗来纳州的研发中心、遍及全球 160 个国家和地区的庞大分销系统和销售网络。

IBM 在并购后的股价上涨了 2%，并且在新联想中获得了 18.9% 的股权，成为仅次于联想控股的第二大股东。与此同时，IBM 当时的副总裁兼个人系统部总经理史蒂芬·沃德还登上了新联想 CEO 的宝座，联想的前任 CEO 杨元庆则当上了新联想董事长。并购后的 IBM 终于摆脱了沉重包袱，将经营方向转为利润更为丰富的 PC 游戏操纵杆的微处理器的制造。对于企业来说，联想收购 IBM 个人电脑事业部的行为是一种双赢，而长达 13 个月的并购谈判更是双方相互妥协的结果。从并购金额的最终确定到新联想总部的选址问题，无一不是双方相互妥协的结果，但最后均落在了双方的利益平衡点上。

每一个人，都应该努力拼搏，争取一

些对自己有用的东西，但是，努力争取并不代表蛮横抢夺，也不代表咬住不放，而是一种灵活掌握、进退自如的境界，因此，我们要善于退让。对于生活在缤纷社会中的我们来说，学会适时退让不仅不会影响到我们的工作效果，很多时候还会让我们的人格魅力得到更好的彰显，从而使双方都得到更多的利益，这就是双赢。小到一个人、一个企业，大到一个民族、一个国家，都应该学会在适当的时候善于退让，这样的人，才是有智慧的人；这样的企业，才是能够长久发展的企业；这样的民族，才是聪明的民族；这样的国家，才是伟大的国家！

学会退让就是要告诉我们：发展经济搞企业，不一定什么事情都非要非左即右，有时候适当给竞争对手留一条后路，适当作出一些让步也是一种战略，比如企业兼并、企业重组最终都是双赢的结局。商场上，今天是你的竞争对手，说不定今后会成为你的合作伙伴。不一定要把问题弄得那么僵，各自退一步，也许就能海阔天空，商场跟战场一样，不战而胜为上。在商场上不要把弦绷得太紧，人要留有余地，要站得高，看得远。在很多情况下，你说是"让利"，实际不是，而是共同取得更大的利益，是双赢。

单赢不是赢，只有双赢才是真正的赢。"互利互惠"才能双赢，这是与竞争对手寻求共同利益的最好办法。学会妥协，收获友谊，维护尊严，获得尊重。当同别人发生矛盾并相持不下时，你就应该学会妥协。这并不表示你失去了应有的尊严，相反，你在化解矛盾的同时在别人心中埋下了你宽容与大度的种子，别人不仅会欣然接受，还会对你产生敬佩与尊重之情。让别人过得好，自己也能过得快乐。学会妥协，世界会因你而美丽！

应该为公共利益做些什么

宇宙间的一切生命都相依相存，为了生存，所有人都在争取着自己的利益。但是，我们每个人似乎都更应该问一问自己：我为公共利益做过些什么呢？

有时候我们会在心中把一支优美的乐曲分割成一个个的音符，然后对着每一个声音自问：我是被它征服的吗？答案没有悬念，任何一个再美好的音符也很难刹那间触动人的心弦，而当所有音符跳跃的节奏与心灵合拍时，紧闭再久的心门也会霎时敞开，这就是音乐的神奇魔力。

人与人就像音符与音符一样，完美的融合才能带来完美的效果。若我们只顾着个人利益而忽视了整体的和谐，一串动听音乐中尖锐而突兀的声音又怎么能带来丝毫的美感？

曾经有一个戏剧爱好者，他不顾亲朋的反对，毅然选择一处并不热闹的地区，修建了一所超水准的剧院。

剧院开幕之后，非常受欢迎，并带动了周围的商机。附近的餐馆一家接一家地开设，百货商店和咖啡厅也纷纷跟进。

没有几年，剧院所在的地区便成为商业繁荣地带。

"看看我们的邻居，一小块地，盖栋楼就能出租那么多的钱，而你用这么大的地，却只有一点剧院收入，岂不是吃大亏了吗？"那人的妻子对丈夫抱怨，"我们何不将剧院改建为商业大厦，也做餐饮百货，分租出去，单单租金就比剧场的收入多几倍！"

那人也十分羡慕别人的收益，便贷得巨款，将自己的剧院改建商业大楼。

不料楼还没有竣工，邻近的餐饮百货店纷纷迁走，更可怕的是房价下跌，往日的繁华不见了。而当他与邻居相遇时，人们不但不像以前那样对他热情，反而露出敌视的眼光。面对现实的境况，那人终于醒悟，是他的剧院为附近带来繁荣，也是繁荣改变他的价值观，更由于他的改变，又使当地失去了繁荣。

世界上的事物都是互相联系、互为因果的，我们谁也不可能孤立存在，更不可能孤立干成一件事。人与人之间天生存在着一种合作关系，这本是最简单不过的道理，不过越是简单的道理，却越容易令人忽视，很多人就像是故事中的剧场主人一样，为了自己一时的利益而忽视了整体的公共利益，最终反而会失去更多。所以，个人利益是在公共利益得到保障的前提下实现的。

成功的人大多都有与人合作的精神，因为他们知道个人的力量是有限的。只有依靠大家的智慧和力量才能办成大事。合作可加速成功，合作可以帮人度过困境。所以，凡事不要太计较，当你为大家的公共利益付出了自己的心血时，就一定会得到回馈。

接纳伙伴的优缺点

建立良好的合作关系，还需要了解他人、包容他人。每个人都有自己的优缺点，在与人合作的过程中，你不可能只与他人的优点合作，当与他人的缺点发生冲撞时，你唯一能做的就是包容。

有一天，沙漠与海洋谈判。

"我太干，干得连一条小溪都没有，而你却有那么多水，变成汪洋一片。"沙漠建议，"不如我们做个交换吧。"

"好啊，"海洋欣然同意，"我欢迎沙漠来填补海洋，但是我已经有沙滩了，所以只要土，不要沙。"

"我也欢迎海洋来滋润沙漠，"沙漠说，"可是盐太咸了，所以只要水，不要盐。"

我们想得到一种东西，必须容忍其他一些东西也跟过来。

有两个戏剧学院的学生，毕业后一起进入演艺圈，他们都很有才华，在学校的时候就显得与众不同，两人虽然彼此惺惺相惜，却也因好强而暗中较量。

虽然两人同时毕业于戏剧学院，但一位是导演系的，一位是表演系的，因此入行后，一位当导演，一位做演员。

经过一段时间的努力，两人在工作岗位上都表现得很出色。有一次，刚好有部电影可以让他俩合作，基于两人是要好的同学，而且心里对彼此的才能和需求都非常了解，所以他们爽快地答应一起合作。

导演对于演员一向要求比较严格，所以在拍戏的过程之中，虽然是自己的同学也毫不客气地加以指责。而已经是名演员的老同学也有自己的见解和个性，所以片场的火药味总是很浓。

有一天，导演因为几个镜头一直拍不好，不禁怒火中烧，对着自己的老同学大发脾气，一句重话马上脱口而出："我从来没见过这么烂的演员！"

名演员一听，愣了许久。他走到休息室，不肯出来继续拍戏。

"一个篱笆三个桩，一个好汉三个帮。"一个人在社会生活中，不可能永远孤军打天下，总会有与别人携手合作的时候。事实上，我们几乎每天都会碰到许多必须与别人合作才能完成的事情，学会与别人愉快而有效地合作，无疑将会给你的生活和学习带来高效率和愉悦的心情。因此，可以说合作关系是人际关系的另一面镜子。

与别人合作关系差的人，其人际关系往往也很差。因此，从合作关系之中，我们可以建立良好的人际关系；从人际关系之中，我们可以巩固彼此的合作关系，这是互动的。

学会与别人合作有很多的技巧，不是说你仅有一颗真诚的心就可以了。要与人合作必须了解别人，只有了解别人，才谈得上合作，只有对别人有了充分的了解，才能扬其长、避其短，使其有信心与你共事。

其实，了解别人也是一种能力，而不仅仅是一种态度。在很多情况下，我们都是感情用事，不够理智，不懂得换位思考，这为我们带来了许多麻烦，所以我们每个人都应该以一颗包容的心，忍受别人不合理的行为，学会去欣赏并接受他们不同的生活方式、文化等等方面。

请相信你的合作者

合作伙伴就得统一战线，齐心协力才能打败你的对手。轻易怀疑你的合作伙伴等于是自挖阵脚，不战自溃。

灰兔在山坡上玩，发现狼、豺、狐狸鬼鬼祟祟地向自己走来，便急忙钻到自己的洞穴中避难。灰兔的洞一共有三个不同方向的出口，为的是在情况危急时能从安全的洞口逃离。今天，狼、豺、狐狸联合起来对付灰兔，它们各自把守一个出口，把灰兔围困在洞穴中。

狼用它那沙哑的嗓子，对着洞中喊道："灰兔你听着，三个出口我们都把守着,你逃不了啦,还是自己走出来吧。不然我们就要用烟熏了,还要把水灌进去!"

灰兔想,这样一直困在洞里也不是个办法,如果它们真的用烟熏、用水灌,情况就更加不妙。忽然,灰兔灵机一动,想出了一个妙计。它来到狐狸把守的洞口,对着洞外拼命地尖叫,就像被抓住后发出的绝望惨叫声。

狼和豺听到灰兔的尖叫声,以为灰兔被狐狸抓住了。它们担心狐狸抓到灰兔后独自享用,不约而同地飞奔到狐狸那里,想向狐狸要回属于自己的那份。聚到一起后,狼、豺、狐狸忽然意识到灰兔可能是用声东击西之计时,急忙又回到各自把守的洞口继续把守。它们哪里知道,灰兔趁刚才狼到狐狸那里去的时候,早已飞奔出来,躲到了安全的地方。

灰兔把自己脱险的经过告诉了刺猬,刺猬说:"你真聪明,你是怎么想出这个妙计来的呢?"灰兔说:"因为我知道,狼、豺、狐狸虽然结伙前来对付我,但它们都有贪婪的本性,互不信任,各怀鬼胎,我正是利用了这一点。"

没有信任的团队,是无法形成强大的向心力和凝聚力的,在竞争中,他们总会被对手找到漏洞,各个击破,最后落得失败的下场。

如果你相信别人,别人也会相信你。你以什么样的态度或方式对待别人,别人也会以什么样的态度或方式来对待你。

信任是合作的基础,而相互合作的人就像战场上同一战壕的战友,你要相信你的"战友"。

没有信赖作基础,团队就会成为一盘散沙,这么做会对长期的利益造成损害。信赖是一种开放的格局,是人与人之间最最重要的情谊,人们最值得骄傲的就是自己可以得到别人的信任,自己的所作所为能够无愧于心,并与人坦诚地沟通。去信任我们的"战友",同时也让自己成为值得信任的人。

第四章 沉住气,成大器

忍辱负重，方成大业

"生当作人杰，死亦为鬼雄。至今思项羽，不肯过江东。"这是著名的女词人李清照赞颂西楚霸王项羽的一首诗，诗中虽然充满了豪情，但却难免给人英雄气短的感觉。试想一下，如果当年项羽能够忍受一时的屈辱，过得江东之后重整人马，那么历史很有可能被改写。

而他的对手刘邦，则将一个"忍"字发挥到了极致。刘邦为了将来的前程似锦，忍住浮华诱惑，忍住胯下之辱，锋芒暂隐，静待转机。这也许正是他最终胜出项羽的原因。咸阳城内王室发生的剧变，已经明显影响到了秦军的士气，恰逢刘邦招降，众士兵正中下怀，项羽这边听说刘邦西征军已经接近武关的消息，也颇为着急。章邯投降后，项羽不再有任何阻碍，率军火速攻向关中盆地的东边大门——函谷关。

十月，刘邦军团进至灞上。咸阳城已完全没有了防卫的能力，秦王子婴主动投降，秦王朝正式灭亡。

刘邦大军历尽千辛万苦终于进入咸阳，此时刘邦对日后称霸天下有了莫大的野心和信心。

同时，面对扑面而来的荣华富贵，喜好享乐的他，竟然一时忘乎所以，自然忍不住心动。想起年少时的狂言："大丈夫当如是也。"一切都这样不可思议的唾手可得。

刘邦本是无赖，进入咸阳城内，面对扑面而来的荣华富贵，一时有些忘乎所以。但在张良等人的劝说下，为了长远的未来，刘邦忍下了享受的心。

一个"忍"字的功夫怎生了得，他成全了刘邦，是刘邦成就霸业不可多得的秘密武器。而项羽，在民心方面，项羽明显不如刘邦。项羽嗜杀成性，不管对方是否投降，一律斩杀。他曾在一夜之间，设计歼害了二十万秦国降军。项羽因为此事而在秦国人民心中臭名昭著。

项羽残杀秦国兵士，刘邦却与秦地父老约法三章，谁是谁非，天下人自然明白。刘邦轻易便为自己赢得了百姓的信任，项羽虽然勇猛，但是做一国之君的话，尚嫌粗莽。在这一节上，刘邦的功夫显然比项羽的功夫要到家。

随后，刘邦在"鸿门宴"中更是将"忍"刻在了心头。这一场心理战，决定了最后的结局。刘邦在得知项羽要进攻的时候，镇定地用谎言骗住了项羽，使得项羽留给了刘邦一条生路。而项羽始终是轻敌的，尤其忽视了刘邦这个手下部将。他认为以刘邦的兵力,绝对不是他的对手。但是刘邦不跟他斗勇,刘邦喜欢斗智。

这就注定了项羽的悲剧命运。就勇猛来说,项羽力拔山兮气盖世;就智慧来说,项羽也不乏胆识与聪明;就实力来说,项羽是一代霸王,有过众望所归的气势。然而就是一个不能忍,破坏了全部的计划,影响了最终的结局,可见,忍字的力量无穷无尽。

小不忍则乱大谋,忍人一时之疑,一时之辱,一方面是脱离被动的局面,同时也是一种对意志、毅力的磨炼,为日后的发愤图强和励精图治奠定了一定的基础。而不能忍者,则要品尝自己急躁播下的苦果。

委屈才能求全

很多时候,暂时的败,一时的退,短期的弱对事业和人生来说都不一定是坏事。相反,它会为你的下一次进步积蓄冲击力。为人处世要有退步的气魄,要学会退,以退为进。要学会委曲求全,始终相信纵然有一时的不如意,也终将成为过去。

委曲求全一词蕴含着古人的智慧,只有委屈一时,才能让怒火消除,让人冷静处事,那么做错事的几率也就会降到最低。

明朝安肃有个叫赵豫的人。宣德和正统时期,他曾经任松江知府。在任期间,赵豫对老百姓问寒问暖,关怀备至,深得松江老百姓的爱戴。

赵豫有一个非常奇特的处理日常事务的方法,他的下属称之为"明日办"。每次他见到来打官司的,如果不是很急很急的事,他总是慢条斯理地说:"各位消消气,明日再来吧。"起先,大家对他的这套工作方法不以为然,认为这实在是一个懒惰拖拉的知府,甚至还暗地里编了一句"松江知府明日来"的顺口溜来讽刺他,都叫他"明日来"。

赵豫性格稳重,为人宽厚,听到这个绰号,总是淡淡地笑笑,从不责备叫他绰号的人。因为他的态度和蔼,对下属从没有声色俱厉过,所以,那些下属有什么话都敢于跟这位知府老爷说。

一天,一个下属问他:"大人,你为什么要这样做?这样做太伤害你的名誉了。"赵豫于是解释了"明日再来"的好处:"有很多的人来官府打官司,是乘着一时的愤激情绪,而经过冷静思考后,或者别人对他们加以劝解之后,气也就消了。气消而官司平息,这就少了很多的恩恩怨怨。"赵豫此招甚妙,虽然给自己戴上了"懒惰拖拉"的帽子,但是人们的情绪却能够冷却下来,官司因此而平息,百姓因此而和睦,由此我们可以说:"委屈可以求全。"

退后一步,对事情进行"冷处理",有助于缓和情绪,让问题得到更好的解决。赵豫的"明日再来"这种处理一般官司的做法,是合乎人的心理规律的。经过一天的冷却,当事人都不很急躁，才能理智地对待所发生的一切。这种"冷处理"包含为人处世的高度智慧，把他用在生活中，会避免不必要的争执。

正如跳高、跳远，要退到后面很远的地方，起跳时才会有更强的冲击力。生活也是如此，退后一步，就是为了更好的前进。一时的委屈是为了永久的安然。忍一时的不冷静，对人对己都有好处。当不愉快的事情发生后，退一步想，就会海阔天空。在实际生活中，不管你多么有能耐，多么无情，总是有人比你更有能耐，更加无情。拼个鱼死网破，倒不如后退几步，另求他路。

古往今来，以退为进者大有人在，曲径通幽、卧薪尝胆、委曲求全，最终成大业者都经历过退步，才能干出轰轰烈烈的壮举。退后一步，即使一时处于低势，但在心灵上获得了某种轻松、潇洒的感觉，在精神上，作好了向前冲的准备。

切莫感情用事

处世经典《增广贤闻》上说："酒是穿肠的毒药，色是刮骨的钢刀，气是下山的猛虎，怒是惹祸的根苗。"愤怒就像决堤的洪水那样淹没人的理智，让人做出不可思议的蠢事，甚至招来杀身之祸。

张飞脾气暴躁，常常因为一点小事而大动肝火。当他得知关羽败走麦城而丧命时，旦夕号泣，血泪衣襟，愤恨不已，发誓定要血刃仇人。

张飞下令军中，限三日内置办白旗白甲，三军挂孝伐吴。次日，两员末将范疆和张达告诉张飞："白旗白甲，一时无可措置，须宽限时日。"

张飞大怒，喝道："我急着想报仇，恨不得明日便到逆贼之境，你们怎么敢违抗我的命令！"说罢，便让武士把二人绑在树上，每人在背上鞭抽了五十下。

打完之后，张飞余怒未消，用手指着两人说："明天一定要全部完备！若违了期限，就杀你们两人示众！"

被打得满口吐血的两人到帐中商议，范疆说："今日受了刑责，倒也无所谓，可我们怎能在短短一天内将装备筹措齐备？张飞性暴如火，如果明天置办不齐，你我皆有杀身之祸。"

张达说："张飞爱酒，每日必饮。如果我们两个不应当死，那么他就醉在床上；如果应当死，那么他就不醉好了。"当下商议停当。

当天晚上，张飞又哭又骂，喝得烂醉如泥，卧在帐中，鼾声如雷。范张二人探知消息，心中大喜。

初更时分，两人各怀利刃潜入帐中，摸到张飞床前，突见张飞双目圆睁，躺在床上。两人大惊，刚欲逃走，又听得张飞打起了鼾，但眼睛仍然睁着。原来张飞睡觉时眼睛是睁开的。

两人不再犹豫，斩下张飞的首级，骑快马星夜逃奔东吴去了。

西方有句经典谚语:"上帝要想让他灭亡,必先使他疯狂!"愤怒就像决堤的洪水那样淹没人的理智,让人做出不可思议的蠢事。忍字头上一把刀,忍耐会有痛苦;忍字下面一颗心,忍耐会受煎熬;忍耐就好似手刃自己的心,需要时间等待伤口慢慢愈合;忍得头上乌云散,拨开云雾见阳光。

某大公司老板巡视仓库,发现一个工人正坐在地上看连环画。老板最恨工人在工作时间偷懒,于是怒不可遏地问:"你一个月挣多少钱?"

"1000元。"工人回答。老板立刻掏出1000元给他,并大叫:"拿了钱给我滚!"事后,老板责问后勤主管:"那工人是谁介绍来的?"主管说:"那人不是公司员工啊,而是其他公司派来送货的。"

当然,这只不过是一个笑话,但也从一个侧面反映了人在愤怒状态下失去理智的情形。不分青红皂白,一时的冲动很有可能会断送自己的大好前程,造成严重的后果。据统计,怒火给人类造成的损失比全世界烧掉的煤炭还要多出成百上千倍。

哲学家康德说:"生气,是用别人的错误惩罚自己。"的确,冲动就有这样的魔力,让人身不由己,敢做平时不敢做的事情,愿做平时不愿意做的事情,就好像失去理智的罪犯那样走上极端,亲手毁掉自身的幸福。

所以,每个人都不要轻易地冲动,学会忍耐,要把魔鬼赶得无影无踪,用平常、平淡的心理,理智地对待各种事情。

小不忍则乱大谋

小不忍则乱大谋，小不忍难成大器，这是中华民族五千年来的浓缩智慧，是华夏子孙生生不息的古老传承。能承受者，不计较一城一池的得失，更不逞一时的口舌之快；笑到最后，才是笑得最好，能成功者，首先要能够付出，其次是能够承受，最重要的，是能够忍耐。武则天是历史上唯一的一位女皇，对于她的评判，历来毁誉参半，作为一名杰出的政治家，她的大气、豪迈，也令后来者为之赞叹。徐敬业在扬州造反时，骆宾王起草了讨武檄文，曰："昔充太宗下陈，常以更衣入侍，洎乎晚节，秽乱春宫，密隐先帝之私，阴图后庭之嬖，践元后于翚翟，隐吾君于聚麀。加以虺蜴为心，豺狼成性，近狎邪僻，残害忠良。杀姊屠兄，弑君鸩母。入神之所共嫉，天地之所不容。试看今日之域中，竟是谁家之天下！"

如此的谩骂攻击，连那些读檄文的大臣也为之色变，但是武则天却非常欣赏为文者的文采，竟询问檄文的作者是何人。当她知道是骆宾王时，叹道："如此天才使之沦为叛逆，宰相的过错呀。"没有如此的慨然大气，恐怕武则天无论有多少雄才伟略、经世治国之才，也无法打破"女子不得干政"的天规铁律，将大唐江山牢牢握在手心。不与侮辱自己的敌人计较，并不是说要让自己毫无原则，而是要忘却侮辱带来的烦恼，化敌为友，展现自己的素养。

人与人的差别，有时在于如何对待受气，在于能不能承受"气"。

自己不争气是因，别人气你是果。不从自己身上找原因，不自强自胜，就改变不了受气的地位的。当你成功时，情况就会不一样。在非洲的草原上，有一种吸血蝙蝠。它的身体极小，但却是野马的天敌。这种动物专靠吸动物的血生存，它在攻击野马时，就附在马腿上，用锋利的牙齿刺破野马的腿，然后用尖尖的嘴吸血。无论野马怎么发疯地蹦跳、狂奔都无法驱赶掉这种蝙蝠。而蝙蝠却可以从容地吸附在野马身上或是落在野马的头上，直到吸饱吸足后，才心满意足地飞去。而野马常常在暴怒、狂奔、流血中无可奈何地死去。

动物学家们在分析这一问题时，一致认为吸血蝙蝠所吸的血量微不足道，远不至于会让野马死去，野马的死是由于它本身暴怒的习性和狂奔所致。不能忍者必然被焦虑、愤怒、抑郁等不良情绪困扰着，导致情绪失控，其实最后受伤害的是自己。对于理智的人而言，学会忍耐是必不可少的人生功课。俄国文学家屠格涅夫在"开口之前，先把舌头在嘴里转个圈"，即动怒之前先不讲话，以缓和不良情绪。当需求受阻或遭受挫折时，可以用满足另一种需求的方式来减弱自己的挫败感，以发挥自身的优势，激发自信心。

坦然面对流言蜚语

古人云："口能吐玫瑰，也能吐蒺藜。"对于别人的妄言，如果我们不想被它所伤害，那就不要去理会它。

人生活在世界上，是非成败，都不免有他人说三道四，道短论长。有些人对那些无中生有的污蔑表现得异常激愤，甚至反唇相讥，其实那都是没有必要的。如果让这种攻击干扰了我们正常的心态和生活的秩序，是得不偿失的。

宋朝有个叫吕蒙正的人，年纪轻轻的，却很有才华，皇帝因此很赏识他，就封他做了宰相。时间不长，就有官员经常在背后和别人说："你看这个小子，没名没实的，他也配当宰相吗？……"吕蒙正有时候听见了，却假装没有听见，大步走开了。吕蒙正的随从为他很愤愤不平，准备利用手中的权力去好好治理一下这些大臣。吕蒙正知道后，急忙阻止了他们，吕蒙正对他们说:"如果完全知道了他们都是谁,那么我就会一辈子也忘不掉。这样的话,就会耿耿于怀,多么不好啊!因此,还是不要去继续寻查这些人都是谁了。"当时,手下的人都佩服他气量恢宏。也正是因为这件事情,曾经有人向皇帝打报告说:"吕蒙正为人太糊涂。"皇帝却说:"吕蒙正小事糊涂,大事不糊涂。正因为此,才适合做宰相的。"

中外历史上的很多名人都受到过妄言的攻击,美国总统罗斯福的夫人艾丽诺也一样,但她每一次都能泰然面对,她常常说:"避免别人攻击你的唯一方法就是,你得像一只有价值的精美的瓷器,有风度地静立在架子上。"这句话十分的有道理,世间的事情都是复杂纷纭的,不可能也没必要样样事情都做到一丝不苟。对其他人恣意的妄言,不必太在意,事实会说明一切的。更何况别人攻击你,至少因为你具有某种重要性,别人才会去关注你、去议论你、去污蔑你。

有一位小仲马的朋友对小仲马说:"我在外面听到许多关于你父亲大仲马的坏话。"

小仲马当即摆出了一副无所谓的样子,他回答:"这些事情都不必去管它,我的父亲大仲马是很伟大的人。打个比方说,他就像是一条波涛汹涌的大江,你仔细地想想看,如果有人对着大江小便,那根本无伤大雅的,不是吗?"

其实,胸怀宽广的人就该如此,对于听到别人的流言蜚语,应该再三客观地分析、判断,哪怕言辞激烈或只有百分之一的正确。之后，只要认为自己的做法合理，站得住脚，那么就可以坚持到底，不必妥协。对于那些纯属恶意的人身攻击、诽谤、诋毁、中伤，也不妨装聋作哑一番，豁达大度一些。同事之间、邻里之间，或是萍水相逢的路人之间，都不免会产生些摩擦，让别人说长道短，你如果也是斤斤计较，睚眦必报，这会激化矛盾，其结果是于人于己都不利。如果能做到"低调一点"，麻烦、恼火、损失自然就会少得多了。

法国19世纪的文学大师雨果曾说过这样一句话："世界上最宽阔的是海洋，比海洋宽阔的是天空，比天空更宽阔的是人的胸怀。"包容是人类的美德，是一种高尚的品质，也是面对流言蜚语的一项重要原则。正所谓：海纳百川，有容乃大。荀子认为："君子贤而能容罢，知而能容愚，博而能容浅，粹而能容杂。"面对流言蜚语，宽容是最好的调解剂。

善用"老二哲学"

孔子信奉的哲学，被后人称为"老二哲学"。此为何意呢？因为孔子用自己的政治理想给中国人设计了一种老二型社会：人人礼让，个个知趣，不为福始，不为祸先。"不当老大，甘当老二"就是这种礼让的衍化。

自古以来,"老二哲学"始终贯穿于炎黄子孙的一切处世观念之中:臣子面对皇帝,要甘当老二,老大当道,一切都要以他为中心;君子面对无德之人,也要甘当老二,任他再张狂,自己也要退一步为先;个人面对命运,还是甘当老二,三分人力,七分天命,识时务者为俊杰。

因为做老二,前面有一个可以追踪的目标,所以踏实;因为做老二,上面有一个执行的目标,所以集中;因为做老二,心内有一腔宽容,所以祥和。这正是我们中国人的理想境界。很多老二就是转正成了老大,也还是能够谦虚克己。因此,当了皇帝,成了名副其实的老大了,也要想方设法当老二,没人可以排在前头了,于是就给自己造出一个"天",自称"天子"。

因此,老二哲学在中国人的处世之中占据着重要的地位。这是一种节制,同时也是一种进取。

历史上,曹操可谓是野心勃勃的人物,但是当有人让他称帝时,他说:"我不当皇帝,我当周公!"为什么?因为作为老二,进可攻、退可守。一位佛学大师常讲"老二哲学",一般人无法了解,因此他讲了这样一个故事:

刘家和李家相邻而居。李家内外融洽,家和万事兴,而刘家则整日吵架,鸡毛蒜皮满天飞。日子久了,刘家的家长很纳闷,就问李家的家长:"为什么我们家天天吵架,永无宁日,可是你们家一团和气,从来没有纠纷呢?"李家的家长微笑着说道:"因为你们家都是好人,所以总是吵架;我们家都是坏人,所以

吵不起来。"

此言一出，甚是让人疑惑，刘家的家长自然无法理解，他于是追问道："这是什么意思呢？"

李家的家长耐心地解释道："比方说，有人打破了花瓶，你家的人都觉得自己没错，错在别人，一味地指责别人的不是，自然就争执不休了。而我们家的人怕伤害到家人，宁可先认错，打破花瓶的人马上道歉：'对不起！对不起！是我太不小心了。'对方也立刻自责：'不怪你！不怪你！都怪我把花瓶放得不稳。'人人包揽责任，甘心承认错在自己，关系自然就和谐了。"

为了解释这个"老二哲学"，大师最后说："好人坏人、老大老二，乃至一切的人际关系都是这样，忍一时风平浪静。"争老大并不一定能成为真正意义上的老大，让老大，虽然屈居第二，但是从胸怀、气度上已经赢了一筹，同时，还化解了一场纷争，何乐而不为呢？

当诸葛亮出现在周瑜的面前时，周公瑾长叹一声："既生瑜，何生亮？"因不甘自己的智慧屈居诸葛亮之下，结果年纪轻轻就命丧黄泉，留下千古遗憾。

古人云：天外有天，人外有人。也许在某一个时刻，我们会独占鳌头，享受到"王者至尊"的荣誉，但是世事多变，说不定何时，就有人超过我们的智慧，在我们之上，那时候，我们应该能够多退少进，多一点包容，学学"老二哲学"，能够屈居人下，这样，我们才有机会真正做到心平气顺，成为永远的"王者"。

动心忍性,增益不能

《孟子·告子下》中说:"天将降大任于斯人也,必先苦其心志,劳其筋骨,饿其体肤,空乏其身,行拂乱其所为,所以动心忍性,曾益其所不能。"一个"动心忍性",将所有的屈辱都包含殆尽,为所有的忍耐立下了名目。佛家崇尚"忍辱",每一个修行者只有忍受得了不能忍受的侮辱,才能够静下心来,做到真正的大彻大悟。

法远圆监禅师在未证悟前,与天衣义怀禅师听说叶县地方归省禅师有高风,便约好一同前往叩参。

适逢冬寒,大雪纷飞,酷寒无比。同参共八人来到归省禅师处,归省禅师一见,不由分说即呵骂驱逐,众人抱着修行的目的,不愿离开。归省禅师于是用水泼他们,一时间,几个人成了"水人"。其他六人不能忍受如此侮辱,认为不过是修行而已,何必如此,于是愤怒离去。

只剩下法远与义怀整衣敷具,长跪祈请不退。过了一会,归省禅师又呵斥道:"你们还不去,难道待我棒打你们?"法远禅师诚恳地回答道:"我二人千里来此参学,岂以一杓水泼之便去?就是用棒责打,我们也不愿离开。"

归省禅师点点头,应允二人去挂单,法远禅师挂单后,曾任典座（煮饭）之职，有一次未曾禀告，即取油面作五味粥供养大众。归省禅师知道此事后，训斥道："盗用常住之物，私供大众，除依清规责打外，并应依值偿还！"说后，吩咐人打了法远禅师三十香板，将其衣物具估价后，悉数偿还已毕，就将法远驱逐出去。

法远禅师很是无奈，但是他的修佛之心很坚韧，仍不肯离去，每日于寺院房廊下立卧。归省禅师看见后又呵斥道："这是院门房廊，是常住公有之所，你为何在此行卧？请将房租钱算给常住！"归省禅师于是要求值日僧给法远禅师追算房钱，法远禅师毫无难色，遂持钵到市街为人诵经，以化缘所得偿还。

事后不久，归省禅师对众教示道："法远是真正参禅的法器！"并叫侍者请法远禅师进堂，当众付给法衣，号圆监禅师！

修佛之人眼里心里没有名利欲望，也没有怒气怨气，越是受辱之时，佛的宽广大度才越显得可贵。我们普通人如果能够做到这一点，那么，就一定能够心平气和，悠游处事。漫漫人生路，有太多的不如意，忍一时风平浪静，只要不忘记自己的最终使命，即使受辱于众，灰头土脸，你还是你。因此，有时候受辱并不妨碍你日后的"一飞冲天"，相反，受辱反而会把"一鸣惊人"映衬得更加精彩。

从另一个角度上说，愚、拙、屈、讷都给人以消极、低下、委屈、无能的感觉，完全是一副弱者的表现，使人难以产生良好的第一印象，使人放弃戒惧或者与之竞争的心理，使人对它加以忽视。但愚、拙、屈、讷有时能减少外界的压力，松懈对方的警惕，或使对方降低对自己的要求，而使自己轻松做事。

也因此，受辱之时的忍耐，才能突出人的境界，也才能体现人与人相处的智慧，才能够深刻表现"难得糊涂"的高超智慧。

矜而不争，周而不比

其实，在那些拥有糊涂处世策略的人的哲学里，他们始终选择忍耐。当自己处于劣势时，他们审时度势选择忍耐；当别人技高一筹时，他们选择忍耐而厚积薄发。在忍耐的过程中，他们在默默地修炼自己，提高自己。

毛泽东在《卜算子·咏梅》中是这样描写梅花的："风雨送春归，飞雪迎春到。已是悬崖百丈冰，犹有花枝俏。俏也不争春，只把春来报。待到山花烂漫时,她在丛中笑。"其中最吸引人的一句莫过于"俏也不争春,只把春来报",梅花"有可争之才",却没有"争春"之心,因此,在烂漫的山花中,她能悠然而笑。

与人相处,难免有高下之分,胸中风烟滚滚也是有的。此时,我们不妨糊涂些、洒脱些,做到"冷眼观潮,任潮起潮落",正所谓:"难得糊涂。"

然而,现实生活中却有很多人并不知道这个道理,无论何种事情,为了与别人一比高下,往往使尽浑身解数,用尽各种神通,结果浪费了人力物力,得不偿失。在海边的人都知道:自由的螃蟹并不愚蠢,而那些被抓进鱼篓里的螃蟹就变得愚不可及。有一则故事这样说道:

一路人见渔民背着一个没有盖子的鱼篓,鱼篓里装满了螃蟹,有几只螃蟹已经爬到了边沿,于是提醒渔民说:装螃蟹的鱼篓没加盖子,小心螃蟹跑掉。渔民笑着说:放心吧,不会跑的。路人不明所以,细问原因,渔民道出原委:鱼篓不加盖子,螃蟹本来可以很容易爬出来跑掉,但是由于螃蟹的嫉妒心很强,当一只螃蟹往上爬的时候,其他的螃蟹就会紧紧地抓着它不放,直到它停止爬行,重新掉回到鱼篓里。就这样,最终不会有一只螃蟹能爬出来。

螃蟹之间因为相争,而没有一只能够逃脱,这是它的可悲之处,可是,我们人类不是也在步步演绎着这种悲剧吗?唐玄宗身边的李林甫,宋高宗身边的秦桧都是这一号角色,然而这些祸国殃民的蛀虫，最终都身败名裂，为千古所不齿。其实，成人之美的人，把机会和利益给了别人，也得以保持了自己赠人玫瑰的快乐的心境。

该妥协时就妥协

"绝不妥协"一词显示了人们的骨气和刚性，一直以来深为人们所称道。但是，凡事无绝对，这种处世原则也并非是放之四海而皆准的。老子曾说："万物负阴而抱阳，冲气以为和。"阴阳本来是互不相容的两个矛盾体，然而自然要想达到和谐，阴阳就必然要相容，同样，很多矛盾都是如此，如果想要解决问题，对立的双方就必须要有大气，能容得了对方。特别是在社交中，我们更要有妥协的度量。

晋代人裴遐在东平将军周馥的家里做客。两人开始下围棋时，周馥的司马过来劝酒。裴遐正玩在兴头上，所以，递过来的酒没有及时喝。司马很生气，以为轻慢了他，就顺手拖了裴遐一下，结果把裴遐拖倒在地。在旁边的人都吓了一跳，以为这种难堪是难以忍受的。谁知裴遐慢慢爬起来，坐到座位上，举止若定，表情安详，若无其事地继续下棋。王衍后来问裴遐，当时为什么表情没有什么改变。裴遐回答说："仅仅是因为我当时很糊涂。"

裴遐不显山不露水,以妥协化解了一场纠纷,看似木讷、迟钝、迂腐,实则是大智者。善于妥协,不仅是一种明智,也是一种美德。能够妥协,意味着将对方的利益看得和自身利益同样重要。在个人权利日趋平等的现代生活中,人与人之间的尊重是相互的。只有尊重他人,才能获得他人的尊重。因此,善于妥协就会赢得别人更多的尊重,成为生活中的智者和强者。

《忍经》上有这样一则故事:刘伶曾经喝醉酒,与一俗人发生冲突。那人挽起衣袖,握拳冲过来。刘伶说:"我这像鸡肋一样的身子抵挡不住老兄的拳头。"那人大笑而收起拳头。刘伶以妥协避免了一场争斗。

当与别人相处时,我们还需要一些理性的妥协。理性的妥协是消除"应激反应"、适应社会环境的一种健康的心态,更是人际关系中的一种良好的合作行为,就像是在两个不同的数字之间去寻找一个公约数。

但是,理性的妥协并不等于麻木、怠惰、迂腐和世俗,并不意味着放弃原则,一味地让步,而是一种宽怀、忍让,是糊涂策略中的一项艺术。妥协是人在群体生活当中必须学会的一种本领和技能。妥协需要一种高超的忍耐和涵养。

妥协是人际交往中不可或缺的润滑剂，发挥着越来越重要的作用。比如在市场上，买家与卖家经过讨价还价，最终以双方的妥协而成交。

于个人来讲，妥协能够使人进退自如；于团队来讲，妥协能够沟通意见、团结同事，形成战斗力；于世界来讲，妥协能够加深理解、达成共识，化干戈为玉帛。

生活中的事总会有些说不清道不明或不尽人意的地方，但为了生活的微笑，为了缓解情绪，为了给人生航程"清淤"导航，你不妨学会理性的妥协。

忍一时之气，免百日之忧

从某种意义上说，忍耐是美好人生的一种策略，忍一时之气，可免百日之忧。忍耐是一种弹性前进策略，就像战争中的防御和后退，有时恰恰是迎取胜利的一种必要姿态。

汉高祖刘邦去世后，吕后临朝称制。匈奴单于冒顿本已很轻视刘邦，现在一妇人上台执政，他更加肆无忌惮，便想挑起战端。他派使者给吕后送去一封信，信上说："孤独苦闷的君王,生于荒野大泽之中,长于旷野牛马蕃育的区域,多次到达边境,希望能游览中国。陛下独立,孤独苦闷孀居。两位君主都不高兴,也没办法让自己快乐起来,希望以我的所有,换你的所无。"

吕后见信后勃然大怒,于是,她召集群臣商议,要大举讨伐匈奴以雪此辱,以泄此恨。

吕后的妹夫樊哙率先请命道:"我愿带10万人马,横行匈奴之中。"

吕后大喜,季布却怒声叱道:"樊哙理应斩首。"

朝堂上的人都吓了一跳,季布撞邪了吧,竟要斩元勋国戚。

季布接着说:"当年高帝率30万精兵讨伐匈奴,却被围困在平城7日7夜。那时樊将军也在军中,却无计可施。今日为何就能以10万人马横行匈奴之中呢?这不过是当面阿谀陛下,犯了欺君之罪,按律当斩。"

樊哙无言以对,其他众将也纷纷附和说,以高帝之英武,尚被困于平城,匈奴势力强盛,委实不宜挑起战端。

吕后见众将意思一致,回头细想也确实如此,便忍下这口恶气,退朝回到宫内,不再提讨伐匈奴的事了。

过后吕后为安抚单于冒顿,居然放下架子卑词婉约地写了一封和解信,说:"单于不忘我中国,赐给书信,我等国人都很恐惧,我自思自忖,身体老迈,气息也衰弱,牙齿也脱落得差不多了,走路的步子都不均匀,单于听信了传言,我实在不足以使您自污。我国无罪,应在您赦免之列。我有自己坐的车2辆、马8匹,送给您平时乘坐。"然后她派宦官张泽送去。

单于冒顿原以为汉朝一定会倾竭国力攻击自己,所以严加戒备,没想到等来的却是这般礼遇。再想想,如若自己与汉硬拼,实在也占不得什么便宜,便派使者送给吕后好马,回信说:"我生长荒野,没听过中国的礼仪,多亏陛下赦免了我。"便又和汉朝和亲。

吕后性格刚毅、心狠手辣,汉初三大功臣有两位直接死在她手上,即韩信和彭越。然而面对匈奴单于的侮辱和挑衅,她不但采纳众将的意思忍耐住了,而且还以谦卑的姿态回了一封信,倒使得冒顿心生惭愧,回信谢罪,并达成了和亲。吕后执政时边塞得以无事,民众得以休养生息,就是因为吕后能够忍下单于之气。

王林从单位辞职以后来到深圳打工,他在一家私人企业做了几天文员后,就被解雇了。过了一段时间他仍然没有找到工作,已经到了山穷水尽的地步。

一天,他身无分文,坐在街心公园歇息。忽然间想到这里还有一个老乡在某个报社做编辑,于是他强打精神去找那个老乡借钱。他好不容易找到了那位老乡,但老乡一见他的狼狈样就知道是来借钱的,于是就故意装作没有看见他。在王林小心地打了招呼后,老乡才问他有什么事。于是王林更加小心地讲明了自己的困境。老乡不耐烦地掏出10元钱扔在桌子上,说自己今天身上没有多带钱并且马上要出差。王林知道这是在下逐客令，心里气急了，真想把那 10 元钱抓起来砸在对方的脸上。但现实的残酷让他强压住怒火，拿起那 10 元钱，默默地转身走了。

王林先用 2 元钱买了 1 斤馒头，然后用 1 元钱买了 1 支圆珠笔，用 2 元钱买了一叠稿纸。他待在自己租的房子里，用了 1 天 1 夜的时间写了 4 篇反映自己打工经历的稿子，次日早上亲自将这些稿件送到一家专门发表打工者故事的杂志社。负责该栏目的编辑看了稿件后决定 4 篇都采用，并先付给了王林一半的稿费。拿着这些稿费，王林维持了一段时间，并在此期间找到了一份工作。

事物总是在不断地运动和变化，机会存在于忍耐之中。对于垂钓者来说，最好的进攻方式就是忍耐。大机会往往蕴藏在大忍耐之中，所谓"天将降大任于斯人也，必先苦其心志，劳其筋骨，饿其体肤……"就是这个道理。大丈夫志在四方，岂可为鸡毛蒜皮的小事而误了大谋！春秋末期最后一个霸主越王勾践卧薪尝胆的故事正好诠释了忍耐保全人生的要义——忍耐不是停止、不是逃避、不是无为，而是守弱、蓄积、迂回前进。当命运陷入不可掌控之时，就要心平气和地接纳这种弱势，坚强地忍耐弱者的地位，在守弱的基础上累积实力、发愤图强，使自己脱离弱者的不利地位，并适时出击，争取赢得新的成功机会。

懂得忍耐有利于成就事业，意气用事只会错失良机。面对别人的侮辱和伤害，我们没必要急急忙忙以一种对抗的方式来证明自己并非软弱可欺。因为路遥知马力，日久见人心，有效地忍耐，会使我们获得更多的收益。

学会约束自己的欲望

汤玛斯·富勒说："满足不在于多加燃料，而在于减少火苗；不在于累积财富，而在于减少欲念。"

贪欲会使人的精力和体力双重透支。放下贪欲，追求平实简朴的生活，是获得快乐的最简单的方法。

当欲望产生时，再大的胃口都无法填满，贪多的结果只会是无穷尽的烦恼和麻烦；学会接纳自己，欣赏自己，使自己从欲念的无底深渊中得到释放与自由，是快乐的始发站。

小时候，王云非常喜欢捉麻雀。虽然这种鸟精灵古怪，但在食物奇缺的冬季，想捉几只玩也不是什么难事。

王云先在地上撒上一把米，然后用筛子罩在米粒最多的地方，筛边支根木棍，木棍上拴根绳子一直接到堂屋里面。然后，王云就关了门，坐在小板凳上从门缝里往外看，只要麻雀下来，它就会顺着王云撒的米痕一直啄到筛子里

去。到那时，王云猛地一拉绳子，一切就大功告成了。

这几天一直在下雪，饿了许久的麻雀一下就被这金灿灿的米粒吸引住了，没过10分钟，已经有3只进入筛子了。看到筛外还有五六只，王云想再等一等吧，一窝捉它个干净。可是等了一会儿不但外面的几只没进去，里面的还出来一只。王云当时就有点后悔，但转念又一想，怕什么，外面的米粒就快没了，它们早晚也得进去。

可是没想到，这麻雀似乎在跟王云作对，总是两三只在里面，剩下的在外面，轮流"进餐"。王云生气但还没有办法，只好一等再等。等得都不耐烦的时候，筛子里只剩下了一只麻雀，王云拉绳还是不拉呢？正犹豫着，那只麻雀竟然也吃饱喝足，扑棱棱飞走了。

那次，王云一只麻雀也没捉到。

人的欲望是永无止境的，而机会却总是稍纵即逝。假如对自己的贪欲不加控制，只会连原本可以得到的也失去，因此请及时下手，以免煮熟的鸭子再飞掉。

古人云"人心不足蛇吞象"，如果每天都去注意自己的欲望是否得到满足，那么我们将时刻处在痛苦的煎熬之中。因为旧的欲望满足了，新的欲望又会出现，而且会一次比一次大、一次比一次难以满足。人生哪里还有什么快乐、幸福可言？

有一位禁欲苦行的修道者准备离开他所住的村庄，到无人居住的山中去隐居修行。他只带了一块布当作衣服，就一个人到山中居住了。

后来他想到，当他要洗衣服的时候，他需要另外一块布来替换，于是他就下山到村庄中，向村民们乞讨一块布当作衣服。村民们都知道他是虔诚的修道者，于是毫不犹豫地就给了他一块布，当作换洗穿的衣服。

这位修道者回到山中之后，发觉在他居住的茅屋里面有一只老鼠，常常会在他专心打坐的时候来咬他那件准备换洗的衣服。可由于他早就发誓一生遵守不杀生的戒律，因此他不愿意去伤害那只老鼠。但是他又没有办法赶走那只老鼠，所以他回到村庄中，向村民要一只猫来饲养。

得到了一只猫之后，他又想了——"猫要吃什么呢？我并不想让猫去吃老鼠，但总不能跟我一样只吃一些水果与野菜吧！"于是他又向村民要了一只乳牛，这样那只猫就可以靠牛奶维生。

但是，在山中居住了一段时间以后，他发觉每天都要花很多的时间来照顾那只母牛，于是他又回到村庄中，找到了一个可怜的流浪汉来帮他照顾乳牛。

那个流浪汉在山中居住了一段时间之后，跟修道者抱怨说："我跟你不一样，我需要一个太太，我要过正常的家庭生活。"

修道者想一想也有道理，他不能强迫别人跟他一样，过着禁欲苦行的生活……

这个故事就这样继续发展下去，结果你可能也猜到了：到了后来，整个村庄都搬到了山上。而这个修道者最初的愿望也不可能实现了。这一切都是因为欲望。欲望就像是一条锁链，一个连着一个，使人陷入困境。

我们每个人都有欲望，但欲望太多了，人生就会变得疲惫不堪。每个人都应学会轻载，更应该学会知足常乐，因为心灵之舟载不动太多的重荷。

《菜根谭》中指出："人生减省一分，便超脱一分。"在人生旅程中，如果什么都减省一些，便能超越尘事的羁绊。一旦超脱尘世，精神便会更空灵。简言之，即一个人不要太贪心。洪自诚曾说："减少实际应酬，可以避免不必要的纠纷；减少口舌，可以少受责难；减少判断，可以减轻心理负担；减少智慧，可以保全本真。不去减省而一味地增加的人，可谓作茧自缚。"

人们无论做什么事，均有不得不增加的倾向。其实，只要减省某些部分，大都能收到意想不到的效果。倘若这里也想插手，那里也要兼顾，就不得不动脑筋，过度地使用智慧，而这就容易促生奸邪欺诈。所以，只有凡事稍微减省些，才能回复本来的人性，即"返璞归真"。

在贫穷面前抬起头来

在贫穷面前，我们不必抬不起头，金钱给予我们的只是我们所需要的一小部分，我们还有很多值得追求的东西，物质上的贫穷并不代表人生的贫乏。而且贫困往往只是眼下的,因为你永远有选择现在就动手改变的机会。贫穷与暂时的负债对懦弱的人会产生一股强大的摧毁力,而意志坚定的人却认为是对自己的磨炼。

拿破仑是科西嘉人,他的父亲虽很高傲,但是手头非常拮据。幼时,他父亲令他进入贝列思贵族学校。校中的同学大都恃富而骄,讥讽家境清寒的同学,所以拿破仑常受同学们的欺侮。他起初逆来顺受,竭力抑制自己的愤怒,但同学们的恶作剧愈演愈甚,他终于忍无可忍,于是函请父亲准他转学,希望脱离这可怕的环境。可是他的父亲来信回复他说:"你仍须留在校中读书。"他不得已,只能忍受,饱尝了五年的痛苦。他每次遇到同学们的侮辱性的嘲弄,不但没有意志消沉,反而增强了他的决心,准备将来战胜这些卑鄙的纨绔子弟。

拿破仑16岁任少尉的那年,父亲不幸去世,在他微薄的薪俸中,尚需节省一部分钱来赡养他的母亲。那时,他又接受差遣,须长途跋涉,到凡朗斯的军营服役。到了部队,眼见伙伴们大都把闲余的光阴虚掷在狂嫖滥赌上,拿破仑知道自己绝不能和他们一样。他想要甩掉这顶贫穷的帽子,改变自己的命运。好在他尚不具有翩翩的风度,无从追求女人;囊中羞涩,更不能使他有一掷千金的豪兴。他把他闲余的光阴,全放在读书上。他早有了理想的目标,他在艰苦的环境中埋首研习,数年的工夫,积下来的笔记后来整理出来,竟有四大箱子。

他绘制了科西嘉岛的地图，并将设防计划罗列图上，根据数学的原理，精确计算。于是，他崭露头角，为长官所赏识，派他担任重要的工作，从此青云直上。其他的人对他的态度大大改观，从前嘲笑他的人，反而接受他指挥，唯他马首是瞻；轻视他的人，也以受他稍一顾盼为荣；揶揄他是一个迂儒书呆、毫无出息的人，也对他虔诚崇拜。

拿破仑的成功，固然是因为他的天才和学识修养，但最重要的还是他坚强的意志。他的意志，是在艰苦环境中磨砺出来的，不经历风雨，他也就可能不会成为世界上人人皆知的军事天才拿破仑。

困苦的环境，固然可以磨砺你的志气，但也可能消沉你的志气。你如果不战胜环境，环境便战胜你。你因为受了冷酷无情的打击，便妄自菲薄，以为前途绝无希望，听任命运的摆布，那么你的结局可想而知。而拿破仑绝不是这样，他认为世界上没有不可改造的环境，尽力战胜先天的缺憾，不退却，不放纵。

与其把大好的时间和精力放在为"钱"的忧虑上，还不如打点行装、振作精神去为赚钱而作好准备，用良好的心态开创光明的前程。

第五章
宽容他人，就是善待自己

留有余地是一种理智的人生策略

我国古代有个叫李密庵的学者,写过一首《半半歌》,诗云:"饮酒半酣正好,花开半时偏妍,半帆张扇免翻颠,马放半鞭稳便。半少却饶滋味,半多反厌纠缠。百年苦乐半相掺,会占便宜只半。"用现代的话来说,就是凡事要留有余地,不要不给自己和别人退路。

常留余地二三分,体现了人生的一种智慧。凡事留有余地,则自由度就增加。进也可、退也可,亲也可、疏也可,上也可、下也可,处于一种自由的境地,体现了一种立身处世的艺术。

常留余地二三分,这是因为,世界上的事变幻不定,常常有许多意想不到的不利因素产生作用。人外有人,天外有天。人不要总是赢人,要留一些给别人赢;不要老想占上风,要给别人一些尊严。这样,自己才能不断进步,人际关系才能更和谐。一句话,为人处世还是谦虚谨慎些的好。如果目中无人,骄傲自满,就容易碰壁、栽跟头。

唐朝时代,有一位德山大师,精研律藏,而且通达诸经,其中尤以讲《金刚般若波罗蜜经》最为得意。因俗姓周,故得了个"周金刚"的美称。

当时,禅宗在南方很盛行,德山大师就大不以为然地说:"出家沙门,千劫学佛的威仪,万劫学佛的细行,都不一定能学成佛道,南方这些禅宗的魔子魔孙,竟敢诳说:'直指人心,见性成佛。'我一定要直捣他们的巢窟,灭掉这些孽种,来报答佛恩。"

于是德山大师挑着自己所写的《青龙疏钞》,浩浩荡荡地出了四川,走向湖南的澧阳。

一日途中,突然觉得饥肠辘辘,看到前面有一家茶店,店里有位老婆婆正在卖烧饼,德山大师就到店里想买个饼充饥。老婆婆见德山大师挑着那一大担东西,便好奇地问道:

"这么大的担子,里面装的是什么东西?"

"是《青龙疏钞》。"

"《青龙疏钞》是什么?"

"是我为《金刚般若波罗蜜经》作的批注。"德山大师对于自己的著作，表现出很得意的神情。

"这么说，大师对于《金刚般若波罗蜜经》很有研究？"

"可以这么说！"

"那我有一个问题想请教您，您若能答得出来，我就供养您点心；若答不出来，对不起，请您赶快离开此地。"

德山大师心想："讲解《金刚般若波罗蜜经》是我最擅长的，任你一位老太婆，怎么可能轻易就难倒我！"随即毫不在意地说："有什么问题，你尽管提出来好了！"

老婆婆奉上了饼，说道："在《金刚般若波罗蜜经》中说：'过去心不可得，现在心不可得，未来心不可得。'不知大师您是要点哪一个心？"

德山大师经老婆婆这一问，呆立半晌，竟然答不出一句话来。他心中又惭愧又懊恼，只好挑起那一大担的《青龙疏钞》，怅然离去。

德山大师受到这次教训后，再也不敢轻视禅门中修行之人，后来来到龙潭，至诚参谒龙潭祖师，从此勇猛精进，最后大彻大悟。

世事无常，万事多留些余地，多些宽容。这是一条重要的做人准则。在你留有余地的同时，别人也会因此而受益匪浅。

待人对己都要留有余地。好朋友不要如影随形，如胶似漆，不妨保持一点距离。是冤家也不要把人说得全无是处。对崇拜的人不要说得完美无缺，对有错误的人不要以为一无是处。不要以为自己的判断绝对正确，宜常留一点余地。

一幅画上必须留有空白，有了空自才虚实相间，错落有致。有余地才更加符合实际，才更加充满希望。当然，留有余地不是一种立身处世的圆滑，不是有力不肯使，也不是逢人只说三分话，而是对世界、对自己抱一种知己知彼的理性态度，是对鉴于世界的复杂性和自身能力的有限性所采取的一种理智的人生策略。

为人处世以容人为上策

古人曾说："得饶人处且饶人。"在生活中，如果我们一旦有争强好胜、锱铢必较的心理，就可能给自己招来不必要的烦恼、嫉妒甚至是仇恨。

可见，包容是做人、处世的大智慧，也是和谐人际关系的一种润滑剂。尤其是在双方产生针锋相对的矛盾时，如果以硬碰硬，无论胜负都会有所损失，倘若能够互相包容，就不仅会避免损伤，还能够将问题处理得很好。

在生活和工作中，我们每个人都难免会遇到不如意的事情。如果因为一点小事情就闷闷不乐，甚至大动肝火，这不仅会影响自己，影响他人，可能还会招致更多不必要的麻烦。所以，当我们在遇到不如意的事情时，一定要学会去适当地包容，不要与他人产生摩擦，而要以一种平和的态度来面对。

人生在世，本就是苦多于乐，如果再过多地与人计较，甚至与自己计较，总在为得失算计，那就失去了生活的乐趣。生活过得不快乐，还有什么意义呢？所以要转变态度，去包容他人。

有一位高僧特别喜欢兰花，在平日修行讲佛之余总会花费很多的心力侍弄兰花。有一次他要出远门云游，临行前交代弟子要好好照顾他的兰花。但是有一天一个弟子在浇花时，不小心摔倒了，把花架撞倒了，所有的兰花盆都摔碎了，兰花也散落了一地，无法收拾。弟子们全都慌了，只好等着师父回来责罚。但是出乎意料的是，当师父回来之后，却没有责怪他们，而是召集齐了众弟子，跟他们说："我种兰花，一来是想要用它来供奉佛祖，二来是为了美化寺庙的环境，而不是为了生气而种的！"

"不是为了生气而种的！"得道高僧修养自然是高，兰花本为师父所好，也花费了很多时间来培养。一般人如果遇到这种情况肯定会很生气，很有可能会重重责罚把兰花弄坏的人，但是高僧没有。因为他明白自己种花的目的虽然没有达到，但是也不能为此而生气，况且弟子也是无心之过，所以就很容易地宽容了徒弟。

为人处世，如果以严厉的态度、倨傲的性格对待别人，就会导致不良后果。如此，于人于己都不利，何必呢？正所谓：利人就是利己，亏人就是亏己，容人就是容己，害人就是害己。所以说：君子以容人为上策。

宽容是一种修养，一种德行，一种度量。如果人人都有宽容忍让的心态，那么这个社会肯定会变得更美好，人与人之间的关系也肯定会变得更和谐。

忧他人之忧，乐他人之乐

宋代朱熹有一句话："体谓设以身，处其地而察以心也。"一语道出了将他人的处境纳入思考范畴的境界，这是需要具有很高的自身修养才能体会到的乐趣，而我们平时熟稔于心的是"己所不欲，勿施于人"，其实，无论怎样表达，都说明了设身处地地为他人着想是一种人生必修的课程，它阐释着宽容、忍让、体谅等等很多美好的东西。

人不是单靠吃米活着的动物，一生中会有很多美丽的邂逅，无论是擦肩而过还是结为金兰，我们都会永远，深藏在心底。所以我们要珍惜每一次真挚的心跳，多为他人考虑一些，也好随着时间的推移，将尘封在心底的往事定格为最美的风景。

有人曾说："人世间最纯净的友情只存在于孩童时代。"让人感到每个字眼里都透露着悲凉，谁能否认自己不渴望真情？其实，真情永远存在于人们的心中。不同的年龄对感情的态度不同，体悟感情的方式也不尽一样，但这过程里始终有一个不变的真理，那就是，如果你能把别人的处境纳入思考的范畴，那么你就会得到恒久的真情。

人与人的相处需要忘我的精神，你可曾发觉很多人说话的时候主语经常是"我"，如果我们都把对方当成主要的，事情定会是另一番景象。人是社会的动物，都需要一份温暖、一份关心、一份慰藉，当对方成功时，我们为何不给予真诚的肯定，当对方偶有失误时我们为何不选择包容，多站在对方角度上考虑一下，这世界就不会再有嫉妒、责难，也不会有人再感到真情需要千呼万唤，它将弥漫在我们身边。

爱因斯坦说："对于我来说，生命的意义在于设身处地替人着想，忧他人之忧，乐他人之乐。"这是一种怎样宽广的胸怀，让他足以容纳他人的忧和乐，这本身就是一种慈悲，一种人生的大爱！

聪明的人遇事时为他人着想，因为他知道当心中只有自己的时候，也可能把麻烦留给了自己；当心中有他人的时候，他人也就为自己留出了一条宽敞的大道。他们往往从别人的角度出发，先考虑到别人的不方便之处；他们对自己要求很严格，却也有足够的涵养不苛责别人；他们把做人的深髓的哲理都赋予了行动。

人生就像春种秋收那样，随着四季的流转，不停地播种和收获。不一样的"播种"也将收获不一样的人生。你把目光投向大海，你将得到整个的海洋；你把目光投向天空，你将得到整个的天空。你用目光穿透黑暗，你也就会收获黎明。你用目光温暖众人，你也将得到众生的恩宠。

愿你在生命中播种美好与幸福，在美丽的深秋收获金色的黄昏。让人生的舞台像心胸那样海纳百川，收获整个天地间的温情。

律己宜严，待人宜宽

宽容，是胸襟博大者为人处世的一种人生态度。总是对别人吹毛求疵的人，一定不是个受欢迎的人。

能容天下者，方能为天下人所容。据此看来，你若要彩虹，你就得宽容雨点，若是在雨点滴到身上的那一刻便勃然大怒，又怎么能在彩虹出现的刹那拥有一种怡然自得的心情来观赏美丽的风景呢？

森林中有一条河流，河水湍急，不停地打着旋涡，奔向远方。河上有一座独木桥，窄得每次只能容一人通过。

某日，东山上的羊想到西山上去采草莓，而西山的羊想到东山上去采橡果，结果两只羊同时上了桥，到了桥中心，彼此碰到了，谁也走不过去。

东山的羊见僵持的时间已很长了，而西山的羊照样没有退让的意思，便冷冷地说道："喂，你长眼了没有，没见我要去西山吗？"

"我看是你自己没长眼吧，要不，怎么会挡我的道？"西山的羊反唇相讥。

于是，两只互不相让的羊开始了一场决斗。

"咔"——这是两只羊的犄角相碰撞的声音。

"扑通"——这是两只羊失足，同时落入河水中的声音。

森林里安静下来，两只羊跌入河心淹死了，尸体很快就被河水冲走了。

故事中的悲剧本来是可以避免的，只要有一只羊后退到桥头，等另一只过后再上桥，两只羊便都会平安无事。可悲的是，山羊们都固执地认为狭路相逢勇者胜，不肯宽容和忍让，最终都葬身河底。

"宽以待人"既是一种待人接物的态度，也是一种高尚的道德品质，它能够化解人和人之间的许多矛盾，增强人和人之间的友好情感。同时，一个人如果能够养成"宽以待人"的优良品德，就一定可以在同他人的相处中，严格要求自己，宽恕地善待他人，不断提高自己的思想境界，使自己成为一个道德高尚的人。

有人说,世上只要有人的地方就有分歧,尤其是有"我"有"你"再加个"他",你、我、他之间的纷争就更多了。所以,若能秉持"你好他好我不好,你大他大我最小,你乐他乐我来苦,你有他有我没有"这四句偈语中所包含的精神,人与人必能和谐相处。

指责只会招来对方更多的不满

动物王国的某公司里,狮子经理上任的第一天,便把前任经理的秘书斑马小姐叫到办公室,说:"你本身就够胖的,还成天穿着花条纹衣服,一点气质都没有,这样下去有损我们公司的形象。如果你还想当办公室秘书,就得换身衣服来上班。"

"可是,我……"斑马小姐刚开口解释,狮子经理便恼怒地一挥手,斑马小姐只好含泪离开了办公室。

狮子又叫来业务员黄鼠狼,并对它说:"你是业务骨干,为了体面地面对客户,从今天起,你不准放臭屁。"

"可是,我……"黄鼠狼刚要解释,狮子经理不耐烦地一挥手,黄鼠狼只好委屈地离开了办公室。

狮子又叫来会计野猪,嫌它獠牙太长。

第二天,狮子刚走进公司大门,发现公司里冷冷清清,原来公司的员工集体辞职不干了。

狮子经理的无端指责,不但没有获得它所想象的效果,反而因妄加苛责别人,大家都离开了它,使它成了"孤家寡人"。我们要记住狮子的教训,无论是在学校里还是在工作中,都不要轻易地指责他人。俗话说:"多个朋友多条道,多个敌人多堵墙。"

人往往有这样一个特点,无论他多么不对,他都宁愿自责而不希望别人去指责他。绝大多数人都是如此。在你想要指责别人的时候,首先你得记住,指责就像放出的信鸽一样,它总要飞回来的。指责不仅会使你得罪对方,而且对方也必然会在一定的时候指责你。

学会接纳他人,容忍他人的缺点,是人生的一门重要课程,它有助于提高你的人格魅力。因此,树敌不如交友,批评不如赞扬,只要你不到处树敌,他人就乐于与你交往。懂得了这一点,对你成功做事、做人是很重要的。

自我反省得到他人的尊敬

我们每个人都有必要学会自省,因为学会自省就可以少犯错误,使自己的道德品质日臻完善,使自己做人做事更加机智圆满,使自己能正确认识自身的不足,并能客观、公正地评价自己。

我国古代思想家孔子的弟子曾子提出著名的"吾一日三省吾身"的自省修养方法。另外一位大思想家孟子则提出"自反""反求诸己",即经常反省自己的言行。《易传》把这称为"修省"的方法,以后的思想家进一步发展了这一思想,并提出"责己"的学说,相当于现在我们所说的"自我批评"。可见,我们要想成为一个有道德有修养的人,就需要经常反省自己的思想和行为。

苏联文学家高尔基认为:"自我批评是最严格的批评,而且也是最有益的。"所以,我们应善于辨察自我意识和言行中的善恶是非,严于自我批评,及时改正自己的过错,更要敢于公开承认自己的错误,勇于揭露自己的不足。就像闻一多先生所说的那样:"我们倒不怕承认自身的'弱点',愈知道自身弱在哪里,愈好在各人自己的岗位上来尽力加强它。"

"你可以有一点兴奋，但不要过于兴奋。从影50年，拍片35部，这固然是一种积累，也确实值得高兴。你一直在说自己最好的影片还没有拍出来，现在，留给你有力气拍片的时间还有多少呢？3年？5年？总之是不会再有50年了！所以，你不要过于兴奋，相反，你倒是需要有一点忧患意识，需要更强烈的只争朝夕的紧迫感。

"你可以有一点满足，但不要过于满足。你这50年，不也有许许多多的遗憾吗？你的电影业留下种种遗憾，这里有你自己的局限，也有种种无可奈何。所以，你不要过于满足，你应当看到这些遗憾，抓紧剩下的时间，拍出不遗憾或者少遗憾的新电影来。

"你可以有一点骄傲，但不要过于骄傲。有一点成就，也不是你一个人的。你要感谢几十年来你的老师、老领导、老朋友对你的关心、帮助和支持！你还要感谢时代，特别是十一届三中全会以来的20年，小平同志率领中国人民走上了改革开放的康庄大道，你才有了放开手脚真正施展的天地！这些，你不能忘记，你要珍惜！"

从谢晋给自己的这封信中，我们深深感受到一名老艺术家对祖国文化艺术事业的拳拳之心，字里行间，渗透着这位老艺术家对自身艺术生命高度负责的严肃态度。但在现实生活中，却有很多人会因光阴易逝而及时享乐，不求进取。但是，年过七旬，到了所谓"随心所欲，不逾矩"的年龄的谢晋，却在功成名就引来无数赞美喝彩之际，依然如此清醒地严厉地审视自己，并面向未来执着地进取和追求，这种精神是值得我们所有人学习的。

事实上，自省的过程就是一个自我检讨、自我反思、自我监督、自我提高的过程。通过这个过程认识自己，打扫洗涤自己大脑中的"污垢"和"灰尘"。只有学会自省，才能静下心来客观公正地评价自己，从而清楚地认识到自己的缺点与不足，认识到自己的愚昧与无知，从而得到人们更崇高的尊重。

尊重他人就是要理解和包容他人

根据马斯洛的需求层次理论，尊重和自我实现的需要是人最高层次的需要。人们都有一种"身份"意识，希望得到他人的认可和尊重。更何况，照顾他人的感受是中国的传统。只有尊重他人，才能赢得他人的尊重，别人才会跟你交朋友、做生意。

尊重他人将使我们变得更加宽容、乐观，与人更好地接触交流、精诚合作。相反，如果你自视甚高，目中无人，不顾及他人尊严，总有一天会吃苦头。

小田和小方在同一单位工作，在工作能力上小田比小方稍胜一筹，这让小方生出一些嫉妒。

工作中，小田经常获得奖励，小方最喜欢对他说："脑袋那么好使，叫咱这样的笨蛋脸往哪儿搁呀？"在背后，小方好像开玩笑似的对其他同事说："小田拍马屁的功夫了不得，弄得领导们服服帖帖……"

在一次讨论方案的会议上，小田刚刚说完自己的设想，请大家发表意见，小方就用不阴不阳的口气说："你下了这么大的工夫，搞了这么一堆材料，一定很辛苦，我怎么一句也没听懂呢？是不是我的水平太低，需要小田给我再来一点启蒙教育？"

顿时，小田的脸就气红了，说："有意见可以提，你用这种口气是什么意思？"显然，小方的话太刺激人了。

后来，小田升级的速度比小方快，当上了小方的上司。终于有一天，小田因小方犯了错误，将他调到单位下属的一个小厂接受锻炼去了。

小方就是吃了不尊重人的苦头。如果他不改掉这个毛病，恐怕以后还会得罪更多的人，更不用说跟人友好相处、紧密合作了。

美国诗人惠特曼说过："对人不尊敬，首先就是对自己的不尊敬。"你希望别人怎样对待你，你就应该怎样对待别人。你尊重人家，人家就会尊重你。不尊重别人就会深深地刺伤别人的自尊心，并且让别人恼羞成怒，这样对自己也没有什么好处。与其如此，为什么不让我们换一种眼光，站在对方的位置上想问题，给别人一点尊重呢？要知道，尊重是人际关系的润滑剂，它将使许多问题变得更加容易解决。

克洛里是纽约泰勒木材公司的推销员。他承认,多年来,他总是尖刻地指责那些大发脾气的木材检验人员的错误,他也赢得了辩论,可这一点好处也没有。因为那些检验人员和"棒球裁判"一样,一旦判决下去,他们绝不肯更改。

克洛里虽然在口舌上获胜,却使公司损失了成千上万的金钱。他决定改掉这种习惯,不再抬杠了。他说:

"有一天早上,我办公室的电话响了。一位愤怒的主顾在电话那头抱怨我们运去的一车木材完全不符合他们的要求。他的公司已经下令停止卸货,请我们立刻把木材运回去。因为在木材卸下25%后,他们的木材检验员报告说,55%的木材不合格。在这种情况下,他们拒绝接受。

"挂了电话,我立刻赶去对方的工厂。在途中,我一直在思考着一个解决问题的最佳办法。通常,在那种情形下,我会以我的工作经验和知识来说服检验员。然而,我又想,还是把在课堂上学到的为人处世原则运用一番看看。

"到了工厂,我见购料主任和检验员正闷闷不乐,一副等着抬杠的姿态。我走到卸货的卡车前面,要他们继续卸货,让我看看木材的情况。我请检验员继续把不合格的木料挑出来,把合格的放到另一边。

"看了一会儿,我才知道他们的检查太严格了,而且把检验规格也搞错了。那批木材是白松。虽然我知道那位检验员对硬木的知识很丰富，但检验白松却不够格，经验也不够，而白松碰巧是我最在行的。我能以此来指责对方检验员评定白松等级的方式吗？不行，绝对不能！我继续观看着，慢慢地开始问他某些木料不合格的理由是什么，我一点也没有暗示他检查错了。我强调，我请教他是希望以后送货时，能确实满足他们公司的要求。

"以一种非常友好而合作的语气请教，并且坚持把他们不满意的部分挑出来，使他们感到高兴。于是，我们之间剑拔弩张的气氛松弛消散了。偶尔，我小心地提问几句，让他自己觉得有些不能接受的木料可能是合格的，但是，我非常小心，不让他认为我是有意为难他。他的整个态度渐渐地改变了。他最后向我承认，他对白松的经验不多，而且问我有关白松的问题，我就对他解释为什么那些白松都是合格的，但是我仍然坚持：如果他们认为不合格，我们不要他收下。他终于到了每挑出一根不合格的木材就有一种罪过感的地步。最后他终于明白，错误在于他们自己没有指明他们所需要的是什么等级的木材。

"结果，在我走之后，他把卸下的木料又重新检验一遍，全部接受了，于是我们收到了一张全额支票。

"就这件事来说，讲究一点技巧，尽量控制自己对别人的指责，尊重别人的意见，就可以使我们的公司减少损失，而我们所获得的则非金钱所能衡量的。"

你看，解决问题的办法就是这么简单，只要少一点抱怨，多一分尊重，事情就变得简单了。在这里，尊重并不是一种谄媚，而是理解与包容，是一种高明的解决之道，一种自尊自爱的表现。因为只有你尊重别人了，别人才会尊重你，才会觉得你有解决问题的诚意，愿意跟你商谈合作。

面对别人的批评，我们要用诚恳的态度来接受；面对别人的过失，我们不妨多一些理解与宽容；面对别人的疑惑，我们不妨热情地伸出我们的双手。别人就是一面镜子，在尊重他人的言行里，我们可以照出自己的人格，也能照出自己的锦绣前程。

用刀剑去攻打，不如用微笑去征服

卡耐基培训班的一位学员说："我已经结婚18年了，在这段时间里，从我早上起来，到要上班的时候，我很少对太太微笑，或对她说上几句话。我是最闷闷不乐的人。

"既然你要我对微笑也发表一段谈话，我就决定试一个礼拜看看。因此，第二天早上梳头的时候，我就看着镜子对自己说：'威尔森，你今天要把脸上的愁容一扫而空。你要微笑起来。现在就开始微笑。'当我坐下来吃早餐的时候，我以'早安，亲爱的'跟太太打招呼，同时对她微笑。

"现在，我要去上班的时候，就会对大楼的电梯管理员微笑着说一声'早安'。我以微笑跟大楼门口的警卫打招呼。我对地铁的出纳小姐微笑,当我跟她换零钱的时候。当我到达公司,我对那些以前从没见过我微笑的人微笑。

"我很快就发现,每一个人也对我报以微笑。我以一种愉悦的态度,来对待那些满肚子牢骚的人。我一面听着他们的牢骚,一面微笑着,于是问题就更容易解决了。我发现微笑带给我更多的收入,每天都带来更多的钞票。"

微笑是人的宝贵财富,微笑是自信的标志,也是礼貌的象征。人们往往依据你的微笑来获取对你的印象,从而决定对你的工作所持有的态度。只要人人都献出一份微笑,工作将不再感到困难,人与人之间的沟通将变得十分容易。

现实的工作、生活中,一个人对你满面冰霜、横眉冷对,另一个人对你面带笑容、温暖如春,他们同时向你请教一个工作上的问题,你更欢迎哪一个?显然是后者,你会毫不犹豫地对他知无不言、言无不尽;而对前者,恐怕就恰恰相反了。

有微笑面孔的人,就会有希望。因为一个人的笑容就是他传递好意的信使,他的笑容可以照亮所有看到它的人。没有人喜欢帮助那些整天愁容满面的人,更不会信任他们;很多人在社会上站住脚是从微笑开始的,还有很多人在社会上获得了极好的人缘,也是从微笑开始的。

任何一个人都希望自己能给别人留下好印象,这种好印象可以创造出一种轻松愉快的气氛,可以使彼此结成友善的联系。一

个人在社会上就是要靠这种关系才可立足，而微笑正是打开愉快之门的金钥匙。

有人做了一个有趣的实验，以证明微笑的魅力。

他给两个人分别戴上一模一样的面具，上面没有任何表情，然后，他问观众最喜欢哪一个人，答案几乎一样：一个也不喜欢，因为那两个面具都没有表情，他们无从选择。

然后，他要求两个模特儿把面具拿开，现在舞台上有两张不同的脸，他要其中一个人愁眉不展并且一句话也不说，另一个人则面带微笑。

他再问每一位观众："现在，你们对哪一个人最有兴趣？"答案也是一样的，他们选择了那个面带微笑的人。

如果微笑能够真正地伴随着你生命的整个过程，这会使我们超越很多自身的局限，使我们的生命自始至终生机勃发。

用你的笑脸去欢迎每一个人，那么你会成为最受欢迎的人。

悦纳别人的与众不同

圣诞节临近，美国芝加哥西北郊的帕克里奇镇到处洋溢着喜庆、热闹的节日气氛。

正在读中学的谢丽拿着一叠不久前收到的圣诞贺卡，打算在好朋友希拉里面前炫耀一番。谁知希拉里却拿出了比她多十倍的圣诞贺卡,这令她羡慕不已。

"你怎么有这么多的朋友?这中间有什么诀窍吗?"谢丽惊奇地问。

希拉里给谢丽讲了自己两年前的一段经历:

"一个暖洋洋的中午,我和爸爸在郊区公园散步。在那儿,我看见一个很滑稽的老太太。天气那么暖和,她却紧裹着一件厚厚的羊绒大衣,脖子上围着一条毛皮围巾,仿佛正下着鹅毛大雪。我轻轻地拽了一下爸爸的胳膊说:'爸爸,你看那位老太太的样子多可笑呀!'

"当时爸爸的表情特别严肃。他沉默了一会儿说:'希拉里,我突然发现你缺少一种本领,你不会欣赏别人。这证明你在与别人的交往时少了一份真诚和友善。'

"爸爸接着说:'那位老太太穿着大衣,围着围巾,也许是生病初愈,身体还不太舒服。但你看她的表情,她注视着树枝上一朵清香、漂亮的丁香花,表情是那么生动,你不认为很可爱吗?她渴望春天,喜欢美好的大自然。我觉得这老太太令人感动!'

"爸爸领着我走到那位老太太面前,微笑着说:'夫人,您欣赏春天时的神情真的令人感动,您使春天变得更美好了!'

"那位老太太似乎很激动:'谢谢,谢谢您!先生。'她说着,便从提包里取出一小袋甜饼递给了我,'你真漂亮……'

"事后,爸爸对我说:'一定要学会真诚地欣赏别人,因为每个人都有值得我们欣赏的优点。当你这样做了,你就会获得很多朋友。'"

你可能会觉得别人与众不同,并觉得很诧异,但只要换种眼光去捕捉他们身上的这些闪光点,学会真诚地欣赏,你就会惊喜地发现你的周围有很多伙伴,好朋友也越来越多,生活也越来越丰富。

如何接纳别人的与众不同呢,不妨参考以下几点:

(1)虚心学习朋友的长处。
(2)不勉强别人做他们不愿意做的事。
(3)真诚对待周围的每一个人。
(4)在与别人的交谈中不要轻易说不喜欢谁。
(5)与人交往要态度温和,不要动不动就发脾气。

放大镜看人优点,缩微镜看人缺点

在现实生活中,我们不可以把别人身上的缺点无限扩大,动不动就责怪他人。对于别人身上的优点呢?也不能以"这有什么了不起"为由来对其嗤之以鼻。这种现象其实是非常可悲的。因为当一个人以刻薄小气的胸襟为人处世时,他绝不可能有什么出息。一个用"缩微镜看人优点,放大镜看人缺点"的人,绝对不会获得美好的友谊和得到别人的帮助。

　　生活中，我们要善于发现别人身上的优点而不是缺点，努力学习别人的优点，这才是正确的行为。也只有以这种"放大镜看人优点，显微镜看人缺点"的心态，才能有宽广的胸襟，才能赢得别人的敬重和取得成功。

　　蔡元培先生就是一个有着大胸襟的人。在他担任北京大学校长时，曾有这么两个"另类"的教授。一个是"持复辟论者"和"主张一夫多妻制"的辜鸿铭。辜鸿铭当时应蔡元培先生之请来讲授英国文学。辜鸿铭的学问十分宽广而庞杂，他上课时，竟带一童仆为之装烟、倒茶，他自己则是"一会儿吸烟，一会儿喝茶"，学生焦急地等着他上课，他也不管，"摆架子，玩臭格"成了当时一些北大学生对辜鸿铭的印象。很快，就有人把这事反映到蔡元培那儿。然而蔡元培并不生气。他对前来反映情况的人解释说："辜鸿铭是通晓中西学问和多种外国语言的难得人才，他上课时展现的陋习固然不好，但这并不会给他的教授工作带来实质性的损害，所以他生活中的这些习惯我们应该宽容不较。"经过一段时间后，再也没有人来告状了，因为辜鸿铭的课堂里挤满了北大的学子。很多学生为他渊博的知识、学贯中西的见解而折服。辜鸿铭讲课从来不拘一格，天马行空的方式更是大受学生欢迎。

另一个人，则是受蔡元培先生的聘请，教《中国古代文学》的刘师培。根据冯友兰、周作人等人回忆，刘师培给学生上课时，"既不带书，也不带卡片，随便谈起来"，且他的"字写得实在可怕，几乎像小孩描红相似，而且不讲笔顺""所以简直不成字样"，这种情况很快也被一些学生、老师反映到蔡元培那儿。然而蔡元培却微微一笑，说："刘师培讲课带不带书都一样啊，书都在他脑袋里装着，至于写字不好也没什么大碍啊。"后来学生们发现刘师培讲课是"头头是道，援引资料，都是随口背诵"，而且文章没有做不好的。

从蔡元培对辜鸿铭和刘师培两位教授的处理方法，我们可见蔡元培对待人才的胸怀是何等求实、豁达而又准确。他把对师生个性的尊重与宽容发挥到了一种极高明的地步。为了实现改革北大的办学理想，迅速壮大北大实力，他极善于抓住主要矛盾和解决问题的关键，把尊重人才个性选择与用人所长理智地结合起来。他曾精辟地解释道："对于教员，以学诣为主。在校讲授，以无悖于第一种之主张（循思想自由原则，取兼容并包主义）为界限。其在校外之言动，悉听自由，本校从不过问，亦不能代负责任。夫人才至为难得，若求全责备，则学校殆难成立。"

正是这种博大的胸襟，才使蔡元培能够发现真正的人才，也才使当时的北京大学有了长足的发展。

美国著名的人际关系学家卡耐基和许多人都是朋友，其中包括若干被认为是孤僻、不好接近的人。有人很奇怪地问卡耐基："我真搞不懂，你怎么能忍受那些老怪物呢？他们的生活与我们一点都不一样。"卡耐基回答道："他们的本性和我们是一样的，只是生活细节上难以一致罢了。但是，我们为什么要戴着放大镜去看这些细枝末节呢？难道一个不喜欢笑的人，他的过错就比一个受人欢迎的夸夸其谈者更大吗？只要他们是好人，我们不必如此苛求小处。"

在现实生活里，我们应该学会以一种大胸襟来对待别人的缺点和过错。学会"容人之长"，因为人各有所长，取人之长补己之短，才能相互促进，学习才能进步；学会"容人之短"，因为金无足赤，人无完人。人的短处是客观存在的，容不得别人的短处就只会成为"孤家寡人"；学会"容人之过"，因为"人非圣贤，孰能无过"。历史上凡是有所作为的伟人，都能容人之过。

朋友们，当我们拥有"以放大镜看人优点，以缩微镜看人缺点"的大胸襟时，我们便拥有了众多的朋友，拥有了无尽的帮助，也拥有了通向成功的门票。

不因偶尔的过错就丧失对朋友的信任

朋友间的相处，伤害往往是无心的，帮助却是真心的，不要因朋友偶尔的过失而失去对他的信任。

在一个小镇上有一个出名的地痞，整日游手好闲，酗酒闹事，人们见到他唯恐躲避不及。一天，他醉酒后失手打伤了前来上门讨债的债主，被判刑入狱。

入狱后的地痞幡然悔悟，对以往的言行感到十分懊悔。

一次，他成功地协助监狱管理人员制止了犯人的集体越狱出逃，获得减刑的机会。

地痞（原谅这样继续称呼他）从监狱中出来后，回到小镇上重新开始生活。他先是想找个地方打工赚钱，结果全都拒绝用他。食不果腹的地痞又来到亲朋好友家借钱，看到的都是一双双不相信的眼光，他那一点刚充满希望的心，开始滑向失望的边缘。这时，地痞少年时代的朋友听说了，就取出了1000元送给他，地痞接钱时没有显出过分的激动，他平静地看了一眼昔日的朋友后，消失在镇口的小路上。

数年后，地痞从外地归来。他靠1000元起家，苦命拼搏，终于成了一个腰缠万贯的富翁，不仅还清了亲朋好友的旧账，还领回来一个漂亮的妻子。他来到了昔日的朋友家，恭恭敬敬地捧上了2000元，然后，流着泪说道："谢谢你！你是我真正的朋友，是你的信任给了我站起来的勇气。"

信任是最好的支持，它是对人性的肯定，它对人的帮助在于心理上道义的重建，其意义超过了金钱的支援。真正的朋友经得起任何狂风暴雨的打击，请不要因为朋友对你的态度一时冷淡或是朋友一时的过错而失去了对朋友的信任。你若能对朋友坦诚相待，你真正的朋友必然会以最大的忠诚回报你。

有两个朋友在沙漠中旅行，在旅途中他们吵架了，一个还给了另外一个一记耳光。被打的那位觉得受辱，一言不语，在沙子上写下：今天我的好朋友打了我一巴掌。他们继续往前走。直到到了沃野，他们就决定停下。被打巴掌的那位差点淹死，幸好被朋友救起来了。被救起后，他拿了一把小剑在石头上刻了：今天我的好朋友救了我一命。

一旁的朋友好奇地问道：为什么我打了你，你要写在沙子上，而救了你却要刻在石头上呢？另一个笑笑地回答说："当被一个朋友伤害时，要写在易忘的地方，风会负责抹去它；相反，如果被帮助，我们要把它刻在心里的深处，在那里任何风都不能磨灭它。"

或许，朋友对你的伤害是无意间造成的，朋友间有了裂痕就需要用宽容来弥合。信任是伸向失望的一双手，一个小小的动作能改变一个人的一生。不要因偶尔的过错就失去对朋友的信任，宽容你的朋友吧，说不定在你的身边会出现奇迹。

容人小过，不念旧恶

古人说，"水至清则无鱼，人至察则无徒。"有句话说得好，人无完人，孰能无过？过而能改，善莫大焉。人不是圣人，谁都会犯错，只要不是一些原则性的大错，我们就没有必要太过计较。何必因为一些鸡毛蒜皮的小事而生气烦心呢？糊涂点才是真聪明。

西汉宣帝时的丞相叫丙吉，他有一个车夫很好喝酒，醉酒后常有行为不检点的地方。有一次酒后为丙吉驾车，结果呕吐起来，弄脏了车子。丞相的属官为此骂了车夫一顿，并要求丙吉将此人撵走。丙吉说："何必呢！他本是一个不错的驭手，现在因为饮酒的过失被撵走了，谁还会再雇用他呢！那叫他以后怎么办！就容忍了吧，况且，也不过就是弄脏了我这个当丞相的车垫子罢了。"于是继续让他驾车。

这个车夫的家在边境地区，经常有关于边境情况的消息。一次他外出，正巧碰上驿站上来了个从边郡往京城送紧急文件的使者，他就跟随到皇宫正门负责警卫传达的公车令那里去打听，知道是匈奴侵犯云中郡和代郡等地。他马上赶回相府，将情况报告给丙吉，并建议道："恐怕在匈奴进犯的边境地区，有一些太守和长吏已经老病缠身，难以胜任用兵打仗之事了，丞相是否预先查验一遍，也好临事有个准备。"丙吉听了，觉得车夫的想法很对，到底家在边境的人对这些事就考虑得特别细致，于是就召来属吏有司，让他们立即统计有关人员情况，做到对边境官员有个比较充分的了解。

不久，汉宣帝召见丞相和御史大夫，询问遭匈奴侵犯的边境守将情况，丙吉当下一一对答如流，而御史大夫仓促间哪能回答得出，皇帝见他那副吞吞吐吐的窘态，大为生气，狠狠地加以责备，而对丙吉则大加赞扬，称许他能时时忧虑边境事务，忠于职守。其实，皇帝哪里知道这全是车夫的提醒之功啊！

军国大事本不是车夫所长，丙吉在朝也难以想到边境的具体状况。只因容人小过，却意外收到了如此有利的效果。看来，关键就在于在车夫身上所表现出来的化短为长的力量的作用。

可见，容忍别人的小过失，他必将以自己的一技之长来酬答；宽大自己的仇人，他有可能会尽力回报你。只因为要报答恩人的感情激荡在胸中，所以他一有机会就跃跃欲试，他的才干一受到激励，就会尽量发挥。

郭进任山西巡检时，有个军校到朝廷控告他，宋太祖召见了那人，审讯后知道是诬告，就将他押送回山西，交给郭进，让郭进亲自处置他。当时正赶上北汉国入侵，郭进就对那人说："你竟敢诬告我，确实还有点胆量。现在我赦免你的罪过，如果你能出其不意，消灭敌人，我将向朝廷推荐你。如果你被打败了，就自己去投河，不要弄脏了我的剑。"那个军校在战斗中奋不顾身，英勇杀敌,居然打了大胜仗,郭进就向朝廷推荐了他,使他得到提升。

容人小过,不仅因为多数人或迟或早会有这样那样的过失、短处,而且还因为除了不可救药的人,都可以做到"过而能改",并不自甘堕落。换言之,容人小过,也是在为"过而能改"的人创造改过的条件。这样才能获得别人的尊重。容人小过,不念旧恶,这就是我们每个人都应该遵守的一条社交法则。

要成人之美,不成人之恶

《论语·颜渊》篇说:"君子成人之美,不成人之恶,小人反是。"这体现了浓厚的"仁者爱人"和"与人为善"的宽容气度。同时也显示了儒家思想中非常鲜明的是非观:好的就去鼓励,坏的就要制止。更显示了儒家"己欲立,先立人,己欲达,先达人"的博大胸怀。

生活中,大凡是好事情,好愿望,如果你有能力帮助,就应该伸出热情的手,给予支持,使之功成名就。这种帮助可以说是"成人之美",而"成人之美"的"君子"行为,都是得人心、受欢迎的。因为这是一种高尚的行为,是助人为乐、利人利众的表现。

黄先生是某厂的厂长，由于他善于成人之美，厂里的职工大都喊他美厂长，其意思不是指他的外表美，而是指他的行为美和心灵美。厂里的职员小胡，因工伤而断了一条腿，在家里休养了半年之久，小胡说：

"有一天，厂里的司机开车到我家里来，帮我收拾行李，说是要出一趟远门，我问到哪儿去？司机说到我想去的地方去！回到厂里，我的心里好一阵热乎！由司机扶进黄厂长的办公室，黄厂长立刻停下手头上的活计，坐过来一边问我的腿伤，一边让秘书给我沏茶。我问黄厂长为啥把我接到厂部？黄厂长说我为了这个厂，贡献出了一条腿，作为厂长，应该资助我完成曾经的心愿——坐飞机，看海！还说这次由厂秘书负责陪我去实现这个愿望，其实是照顾我的生活起居！的确，坐飞机和到海边去，曾经的确是我的愿望，没想到厂长还记得，而且还把属于自己的疗养名额让给了我，说真的，当我由厂秘书陪着飞在天上的那一刻，当我由厂秘书扶着站在大海边的那一刻，我的泪流了下来！这样的厂长，这样的朋友，我的心里会永远装着的……"

在人际交往中，要真正做到成人之美，就要关心他人、重视他人、帮助他人，为别人提供方便，使他人得到心理上的满足。成就别人也等于成就自己，成人之美，不仅使他人受益，同样也使自己受益。

科学家达尔文与华莱士的《进化论》创始人之"让"可谓是君子之风的充分体现。

1842年，达尔文开始着手写他的鸿篇巨制《进化论》。由于他是一个非常严谨的人，所以直到1858年他还在写这部书。他的朋友赖尔和虎克提醒他要加快速度，否则会有别人捷足先登的，达尔文一笑置之。他是一个非常严肃认真的科学家，他要使自己的理论尽可能的完善、严谨。

后来事情的发展果然被朋友言中了。1858年夏天，达尔文收到一位叫华莱士的年轻人寄来的一篇论文，年轻人在论文中提出了与达尔文的进化论完全相同的观点。在附言中，华莱士请他所尊敬和信赖的科学家（达尔文）将论文推荐给赖尔，赖尔正是提醒过达尔文的朋友。尽管达尔文比华莱士提前十年研究这个问题，而且也早已写出了完全可以表达自己观点的大纲，但他还是热情地将论文推荐给了他的朋友，并且放弃了自己的大规模写作。他的朋友认为这不公平，但他不以为意。当华莱士知道事情的真相后，非常感动，甘愿让出进化论创始人的位置。

两位科学家的胸襟不能不让人折服，他们是君子。

成人之美的举动，是值得颂扬和赞美的。不过，成人之美者，要有一双明辨是非的眼睛。别人的愿望是正确且有益于人的，我们就应该帮其实现；而别人的愿望只是为了其自己获名获利并在此同时又损人损公时，我们就得坚决阻止并劝其放弃，继而改过从善。

与他人争执时,懂得后退一步

生活中,当我们与他人发生争执时,要懂得后退一步。所谓"退一步海阔天空",不无道理。

明朝冯梦龙在《广笑府》中记载了这样一则故事:

从前,有父子二人,性格都非常倔强,生活中从来不对人低头,也不让人,且不后退半步。一日,家中来了客人,父亲命儿子去市场买肉。儿子拿着钱在屠夫处买了几斤上好的肉,用绳子串着转身回家,来到城门时,迎面碰上一个人,双方都寸步不让,也坚决不避开,于是,面对面地挺立在那儿,相持了很久很久。

日已正中,家中还在等肉下锅待客,做父亲的不由得焦急起来,便出门去寻找买肉未归的儿子。刚到城门处,看见儿子还僵立在那儿,半点也没有让人的意思。父亲心下大喜:这真是我的好儿子,性格刚直如此;又大怒:你算老几,竟敢在我父子面前如此放肆。他蹿步上前,大声说道:"好儿子,你先将肉送回去,陪客人吃饭,让我站在这儿与他比一比,看谁撑得过谁?"

话音刚落,父亲与儿子交换了一个位置,儿子回家去烹肉煮酒待客;父亲则站在那个人的对面,如怒目金刚般挺立不动。惹得众多的围观者大笑不止。

故事很可笑,它告诉我们:懂得退步,才会有更大的收获。

就因为在一些小事上发生了争执，两位大作家——列夫·托尔斯泰和屠格涅夫的友情曾中断了17年。

1878年，托尔斯泰在经历了长期的内疚和不安后，主动写信给屠格涅夫表示道歉。他写道："近日想起我同您的关系，我又惊又喜。我对您没有任何敌意，谢谢上帝，但愿您也是这样。我知道您是善良的，请您原谅我的一切！"

屠格涅夫立即回信说："收到您的信，我深受感动。我对您没有任何敌对情感，假如说过去有过，那么早已消除——只剩下了对您的怀念。"

一场积聚多年的冰雪终于化解了。不过，此后不久，另一件事又差点使他们的关系再次陷入危机。幸运的是，吃一堑长一智，他们这次都知道如何避开了。

这一年，在托尔斯泰的盛情邀请下，屠格涅夫到勃纳庄园做客。有一天，托尔斯泰请客人一起去打猎。屠格涅夫瞄准一只山鸡，"砰"地开了一枪。

"打死了吗？"托尔斯泰在原地喊道。

"打中了！您快让猎狗去捡。"屠格涅夫高兴地回答。

猎狗跑过去之后很快便回来了，但却一无所获。"说不定只是受了伤。"托尔斯泰说，"猎狗不可能找不到。"

"不对！我看得清清楚楚，'啪'的一声掉下去，肯定死了。"屠格涅夫坚持说。

他们虽然没有吵架，但山鸡失踪无疑给两个人带来了不快之感,仿佛二人之中有一个说了假话。可是,这一次他们都意识到不应再争执下去,便把话题转向别处,尽量在愉快的消遣中打发时光。

当天晚上,托尔斯泰悄悄地吩咐儿子再去仔细搜索。事情终于弄清楚了:山鸡的确被屠格涅夫一枪打中了,不过正好卡在了一枝树杈上面。

当孩子把猎物带回来时,两位老朋友简直开心得像孩童一般,相视大笑。

可见,人与人出现矛盾时,正确的做法应是"求大同,存小异""大事化小,小事化了",以互谅互让的态度而不是用争辩的方法去处理。

有争执时,让步是一种修养,让步是一种虚拟的退却。

社会中,人与人之间应相互理解、相互尊重,尤其是在与人讨论、交谈时,对于别人的见解,我们不应轻易否定,即使其见解与你相左。如果能够做到理解别人、体贴别人,那么就能少一分盲目。

要善于发现别人见解的正确性,只有这样,才能多角度地看问题,就会发现固守自己的思维定式,有时显得多么的无知和可笑。因此,无论何时都要注意,别听到不同的观点就怒不可遏。通过细心观察,你会发觉,也许错误在你这一边,你的观点不一定都与事实相符。

在人际交往中,让步是一种常用的处理问题的方式,它不是懦弱、失去人格的表现,而是一种修养。

让步其实只是暂时的、虚拟的退却,进一尺,有时就必须先作出退一寸的忍让。

主动让"道"是一种宽容，是在人际交往中有较强的相容度。相容就是宽厚、容忍、心胸宽广、忍耐性强。

想避免出现僵局，一种有效的办法是说句"我们两人都是对的"，然后再转向比较安全的话题。

不管什么情况，无谓的争执就是浪费时间。只要能避免徒劳无功的争执，人人都是赢家。

你对待别人的态度，决定了他人对你的态度

人与人的关系常常是微妙的。有时候，你对一个人不满，或者存在一种厌烦的心理，但是你并不希望他能够感受到你对他的不满或者厌烦，还希望他能够在不发现的前提下能够把你当成朋友。事实上，这种情况几乎都是不存在的。我们常说，人与人之间的关系是相互的，你不喜欢别人，别人会有感觉。你很希望与一个人成为朋友，也许他同样受着你的吸引。

这样说来，在处理人际关系中，我们就没有权利去抱怨那些对待自己不友善的人了。在舞会上，如果我们受到了别人的冷落，就应该想一想，自己是不是也同样没有将目光投放在别人的身上，却还过多的希望得到别人的关注？在生病的时候，身边没

有人对自己表示关怀,是不是我们也在别人生病的时候表现出了冷漠,伤害了别人渴望友情的心……

一位老人,每天都要坐在路边的椅子上,向开车经过镇上的人打招呼。有一天,他的孙女在他身旁,陪他聊天。这时有一位游客模样的陌生人在路边四处打听,看样子想找个地方住下来。

陌生人从老人身边走过,问道:"请问,住在这座城镇还不错吧?"

老人慢慢转过来回答:"你原来住的城镇怎么样?"

游客说:"在我原来住的地方,人人都很喜欢批评别人。邻居之间常说闲话,总之那地方很不好住。我真高兴能够离开,那不是个令人愉快的地方。"

摇椅上的老人对陌生人说:"其实这里也差不多。"

过了一会儿,一辆载着一家人的大车在老人旁边的加油站停下来。车子慢慢开进加油站,停在老先生和他孙女坐的地方。

这时,父亲从车上走下来,向老人说道:"住在这市镇不错吧?"老人没有回答,问道:"你原来住的地方怎样?"父亲看着老人说:"我原来住的城镇每个人都很亲切,人人都愿帮助邻居。无论去哪里,总会有人跟你打招呼,说谢谢。我真舍不得离开。"老人看着这位父亲,脸上露出和蔼的微笑:"其实这里也差不多。"

车子开动了。那位父亲向老人说了声谢谢,驱车离开。等到那一家人走远,孙女抬头问老人:"爷爷,为什么你告诉第一个人这里很可怕,却告诉第二个人这里很好呢?"老人慈祥地看着孙女说:"不管你搬到哪里,你都会带着自己的态度。任何地方可怕或可爱,全在于你自己!"

我们之中总有那么一些人,常常以自我为中心,只看到别人是怎么对待他的,却从来不去想自己是怎么对待别人的。有什么事情求朋友,从来都不会想别人是否有空,是否有更重要的事情去做,或者朋友已经很累了,拖延了他的请求,他也觉得自己受到了伤害,是朋友们没有为自己着想。我们每个人都有自己的生活环境,朋友也有自己的生活。没有人是单单为了某一个人而存在的。当我们感受到了朋友的冷落的时候,不要总是想着责怪,而是要从自身开始检讨,看看自己是否做了过分的事情。因为你如何对待别人,别人也往往怎样对你。

维护友情,需要的是相互理解、相互体谅、相互包容的心。如果一直都从私利出发去要求别人,那么无疑你会招致别人的反感。在生活中,我们也常常会听说"什么样的人会教什么样的朋友""不是一家人不进一家门"之类的话,其实就是将人以群分,这告诉我们,你怎样经营你对别人的感情,别人也会以同样的方式来对待你。

第六章 聪明做人,不妨糊涂点

糊涂的人因"傻"得福

人生在世,即使什么也学不会,也得学会吃亏。只要学会吃亏,你就会烦恼不上身、遇事游刃有余、心底坦坦荡荡、吃饭有滋有味了。这种神仙般的滋味,是令人身心舒服的。

因此,遇事吃点亏、让一步,不是傻瓜而是英雄,因为他用静心的智慧躲避了身后不可想象的事情发生。

在电影《阿甘正传》中,主人公阿甘在人们的眼中一度像个白痴,但是他却干出了伟大的事业。阿甘出生在美国南部的亚拉巴马州的绿茵堡镇,由于父亲早逝,他的母亲独自将他抚养长大。

阿甘不是一个聪明的孩子,小的时候受尽欺侮,他的母亲为了鼓励他,常常这样说:"人生就像一盒巧克力,你永远也不知道接下来的一颗会是什么味道。"他牢牢地记着这句话。在社会中,阿甘是弱者,他几乎没有能力掌控自己的生活。于是,他选择命运为他作出安排。

阿甘的智商只有 75,但凭借跑步的天赋,他顺利地完成大学学业并参了军。在军营里,他结识了"捕虾迷"布巴和神经兮兮的丹·泰勒中尉,随后他们一起开赴越南战场。战斗中,阿甘的小分队遭到了伏击,他冲进枪林弹雨里搭救战友,丹·泰勒中尉命令他乖乖地待在原地等待援军,他说:"不,布巴是我的朋友,我必须找到他！"虽然没能最终挽救布巴的生命，但至少，布巴走时并不孤单。

战后，阿甘决定去买一艘捕虾船，因为他曾答应布巴要做他的捕虾船的大副。当他把这个想法告诉丹·泰勒中尉时，丹中尉笑话他："如果你去捕虾，那我就是太空人了！"可阿甘说，承诺就是承诺。终于有一天，阿甘成了船长，丹·泰勒中尉当了他的大副。

阿甘和女孩珍妮青梅竹马，可珍妮有自己的梦想，不愿平淡地度过一生。于是，珍妮让阿甘离自己远远的，不要再来找她，可阿甘依旧会在越南每天给珍妮写信，依旧会跳进大水池里和珍妮拥抱。珍妮说："阿甘，你不懂爱情是什么。"阿甘说："不，虽

然我不聪明,但我知道什么是爱。"珍妮一次又一次地离开,但阿甘从未放弃过她。最终,有情人终成眷属。

阿甘的成功,从某种意义上说,拜赐于他的傻和宽广的胸怀。阿甘总是那么快乐、那么勇敢,我们以为他不知道自己和别人不同,没想到,原来他一直都承受着因歧视而带来的痛苦,从而不希望他的孩子同自己一样。原来他不是不知道,只是装糊涂,不去与他人计较。

阿甘是真正的聪明人,因为聪明的人都擅于谦让,敢于吃亏。比如单位里分东西不够时,自己就主动少要些,一些荣誉称号多让给将退休的老同事,等等。

话虽如此,但能够主动吃亏的人实在太少,这不仅因为人性的弱点,更是因为大多数人缺乏长远的眼光,不肯舍得眼前小利而换来内心的安宁。但是如果你能够跳出这个思维的窠臼,吃点小亏,那么等待你的多半是幸运。

恰到好处,才是最好

量变引发质变,有时候,把一件事情做到极致,反而未必能得到想要的效果,凡事太过钻牛角尖,有可能把自己逼入死胡同。

IMG公司有一位精力旺盛的女业务代表,负责在高尔夫球及网球场上的新人当中发掘明日之星。美国西海岸有位年轻的网球选手,特别受她重视,她决定邀请对方加盟她的公司。

从此,纵使每天在纽约的办公室忙上12个小时,她依然不忘时时打电话到加州,关心这位选手受训的情况。这个网球选手到欧洲比赛时,她也会趁着出差之便,抽空去探望,为他打理一切。有好几次,她居然连续一周都未合眼,忙着飞来飞去,追踪这个选手的进步状况。

一次,那位年轻的选手参加法国公开赛。按原订日程,这位女业务代表不需出席这项比赛,但是为了保持与那位年轻选手的关系,她努力去说服她的主管。主管勉强答应,但条件是,她得在出发前把一些紧急公务处理完毕。结果她又是几个晚上没合眼。

抵达巴黎的当日,在一个为选手、新闻界与特别来宾举行的晚宴上,她依旧盯着那位美国选手,并且像个称职的女主人,时时为他引见一些要人。

当时正是瑞典网球名将柏格独领风骚的年代,他刚好是他们的客户,又是那名年轻选手的偶像,很自然地她便介绍他俩认识。柏格当时正在房间一角与一些欧洲体育记者闲聊,这时,她与那个年轻的选手迎上前去。当对方望向这边时,她说:"柏格,容我介绍这位……"天哪!她居然忘了自己最得意的这位球员的姓名!

后来，那位年轻选手成了世界名将，但他与IMG公司再也没有关系。

这位女业务代表的确令人钦佩，如果运气好，碰上一个懂事的小伙子，她的失误也不是什么大的失误，因为在那种情况下，只要小伙子自我介绍一下就没什么问题了，不计较，同样也没有什么事。但她这样不顾一切地认真工作，对服务对象过于关注，则总会造成这样或那样的错误。

在现实生活中，许多人往往不能控制自己的情绪，有时候过分钻牛角尖，并且遇到不顺心的事，要么"借酒消愁"，更有甚者，因想不开而轻生厌世，这都是错误的做法。

那么，怎样才能在该糊涂的时候做到糊涂呢？

首先，要学会理智处事，沉不住气时反复提醒自己要以理智的心态来控制自己的感情。

其次，要学会苦中求乐，擅于在生活中寻找乐趣，多参加一些自己感兴趣的活动，把生活安排得丰富多彩，让自己活得有滋有味。

再次，要学会广交朋友，遇到挫折、失败之事，不妨找知心朋友谈谈心。

最后，要学会巧妙地应付各种复杂多变的环境，以保持心理平衡，维护身心健康。

人生在世，能做到精益求精固然很好，但过分专注难免顾此失彼。

世界那么大，我们那么小，过分苛责自己实在没必要，累的时候试着"糊弄"自己吧，感到舒服的时候就停在这里。我们都知道，恰到好处，才是最好。

形醉而神不醉，外愚而内不愚

若愚者，即似愚也，而非愚也。所以"若愚"只是一种表象、一种策略，而不是真正的愚笨。在"若愚"的背后，隐含的是真正的大智慧、大聪明、大学问。真正具有大智慧、大聪明的人往往给人的印象总是有点愚钝，所以中国才有了"大智若愚"这个带有很深哲理意义的成语。

糊涂与清醒是糊涂一些好呢还是清醒一些好呢？一般的答案一定是后者。可糊涂学却提倡前者。

当然，如果一个人内心本来很清楚，却让他在表面上装糊涂，这确实是件很困难的事，非有大智慧者不容易办到。而做到了这一点，就是所谓的"清楚之糊涂"了。

"大智若愚"不是故意装疯卖傻，不是故意装腔作势，也不是故作浅显，故作玄虚，而是待人处世的一种方式、一种态度，即遇乱不惧、受宠不惊、受辱不躁、含而不露、隐而不显，看透而不说透，凡事心里都一清二楚，而表面上却显得不知、不懂、不明、不晰。

三国时期的司马懿，本来是个聪明绝顶的人，却总喜欢装糊涂。当年他在五丈原，凭借一套大智若愚、软磨硬泡的功夫，终于拖垮了老对手诸葛亮，居功至伟，在国内也权倾一时。正因为功高震主，少不得引来同僚的妒忌和朝廷的猜疑。这种情况下，司马懿干脆装起糊涂来，以病重为由长期在家休假，给人制造一种他行将就木的假象。

但他的政敌们还是不放心，派了一个人以慰问病情为由刺探司马懿的虚实。司马懿干脆顺水推舟，真的装出一副日薄西山、气息奄奄、病入膏肓的样子。在司马懿的策划下，来人果然被蒙骗了过去，回去就说司马懿病势沉重，将不久于人世，于是司马懿的政敌们终于放松了警惕，就在这个时候，司马懿暗中培植羽翼、广罗亲信，神不知鬼不觉地布置自己的两个儿子抓住了京师禁军大权。后来瞅准了一个时机，发动了"高平陵之变"，几乎将曹家的势力一网打尽。至此，魏国军政大权尽数落在司马氏手中。

你看，一个人充分运用糊涂的技巧，会有很多意想不到的收获，也不失为保护自己的手段。细数古今中外，无论是军事、外交、管理，其实都用得着该糊涂时就糊涂的方法。所以对聪明人来说，正确的态度应该是什么呢？那就是"该清楚时就清楚，偶尔也要装糊涂"。内心本来是"清清楚楚"的，却为了实际的需要，在外人面前表现出随遇而安的姿态，也许这更加有助于达到"圆通"的境界，这也是一种出色的人生智慧。

睁一只眼闭一只眼

将"糊涂"活学活用到生活中，也就是"睁一只眼闭一只眼"，成语叫作视而不见。对有些事情，你好像已经看见了，好像又没有看见。比如对于上司的某些丑陋，你看得明听得清，但

你就是摆出一点儿也不知道的样子，故意让自己蒙在鼓里。倘若你说自己知道了，那你就是聪明过头了。

很久以前，土豆还不是世界各地都有种植的植物。法国有位聪明而又热心的农学家，有一次在德国吃了一次土豆，就很想在自己的国家里推广种植这种作物，但他的热心宣传却得不到回报，没人相信他的话。当时法国的医生甚至认为土豆有害于人的健康，有的农学家断言种植土豆会使土地变得贫瘠，宗教界称土豆为"鬼苹果"。

聪明的人是不会轻易放弃的，这位一心推广土豆种植的农学家，终于想出了一个新点子。在国王的许可下，他在一块出了名的低产田里栽培了土豆，由一支身穿仪仗队服装的国王卫兵看守，并声称不允许任何人接近它、挖掘它。但这些士兵只在白天看守，晚上全部撤走。人们由于好奇，晚上都来偷偷地挖土豆，并把它栽到自己的菜园里。这样，没过多久土豆便在法国推广开了。

这个推广方法的成功，就得益于智慧和心理的巧妙结合。如果直接向人们推广说土豆好，人们是不会接受的，如果由国王种植，又有卫兵看守，暗示的情境意义即：这是贵重物品。由此诱发了人们占有的欲望，再加上栽种后的亲自品尝与体验，确信有益无害，就会完全接受这种作物。这里交际情境的魅力，就在于利用了人们的好奇心理，睁一眼，闭一眼，创造了一个让人们接触土豆的契机，所以产生了预期的目的。

生活中也是这样。俗话说得好：人无完人。每个人都有自己的缺点和不足，在人与人的交往中，如果我们总是睁大眼睛，就像显微镜似地观察、计较别人的缺点和不足，那么，我们永远不会满意对方，我们会嫌弃、厌恶别人，就处理不好与同学、同事、朋友、亲人、爱人的关系，会破坏起码的团结，会失去朋友甚至失去亲人和爱人。如果我们闭上一只眼睛，以一份宽容的心看待别人的缺点和不足，给别人一份信心，给自己一份轻松，生活就变得可爱多了。

在生活中，糊涂不等于马虎，糊涂是一门学问，包含着物极必反的深奥道理，属于清醒的最高级别，需要倾注大量的文化情愫进行长年累月的修炼之后才能自然流露。

以糊涂之道还治糊涂之人

佛认为：我们所有的人之所以有烦恼，就是因为我们太执着，为一些无关紧要的小事斤斤计较。其实很多事情，太较真又能怎样，论理论不出两重天，说真说不出二番理。

古今中外，凡是能成大事的人都具有一种优秀的品质，那就是豁达而不拘小节，大处着眼而不会目光如豆，从不斤斤计较，纠缠于非原则的琐事，能容人所不能容，忍人所不能忍，善于求

大同存小异，团结大多数人。他们极有胸怀，所以他们才能成大事、立大业，使自己成为不平凡的伟人。

很多人之所以事事较真，也许只是一种不能容忍不完美的心态在作怪。但实际上，在人际交往中，别人不可能完全按照我们的意思来与我们沟通，因此，以自己的需求来要求别人，未免不近人情，同时，最后也会失去别人对自己的信任和理解。

老子是一个生活态度非常淡然的人，他非常崇尚不较真的处世哲学。

一次，有一个人去拜访老子。到了老子家中，看到室内凌乱不堪，心中感到吃惊。于是，他大声贬损了一通，骂老子愚不可及，便扬长而去。翌日，他又回来向老子致歉。老子淡然地说："你好像很在意智者的概念，其实对我来说，这是毫无意义的。因此，如果昨天你说我是马的话我也会承认的。因为别人既然这么认为，一定有他的根据，假如我顶撞回去，他一定会贬得更厉害。这就是我从来不去反驳别人的缘故。"

从这则故事中，我们可以得到如下启示：当双方发生矛盾或冲突时，对于别人的批评，除了虚心接受之外，还要养成毫不在意的功夫。人与人之间发生矛盾的时候太多了,因此,一定要心胸豁达,有涵养,有忍耐,不要为了不值得的小事去生气,去较真。

生活中如果听到有人这样谈论自己,完全不必理睬。只要自己能自由自在按自己的方式生活,又何必让别人的意见来左右自己呢?

因此,我们说:有些事情不必太认真。人非圣贤,孰能无过。与人相处就要互相谅解,经常以"难得糊涂"自勉,求大同存小异,能忍耐,有肚量,你就会有许多朋友,且诸事遂愿;相反,"明察秋毫",过分挑剔,眼里容不得半粒沙子,什么鸡毛蒜皮的小事都要论个是非曲直,人家也会躲你远远的,最后,你只能关起门来做"孤家寡人"了。

因此,无论是在什么样的场合,我们都不能对遭遇的事情过于较真,对所遇到的人过于较真,不妨糊涂一下,以宽大为怀,将其当作眼前浮云,掠过即可。

不是聪明得太快,而是糊涂得太迟

生活中往往有许多意想不到的事情,如果事事认真求全,往往会在心里产生少许挫折感,倒是折中一下比较好。折中能促成完满的人际氛围,圆滑地化解各种矛盾。

  晚清名臣张之洞曾就任山西巡抚，即将启程时，有一个山西籍富商，泰裕票号的孔上司，表示要送1万两银子给他。他对张之洞说，他深知张之洞为官清廉，手头并不宽裕，出于对张之洞的敬慕，他送"一点薄礼"是为张之洞解决些差旅费。

  张之洞当时婉言谢绝了孔上司的好意。可是当他来到山西，考察了当地的情况之后，深为山西罂粟的种植之多而震撼，他决心铲除山西的罂粟，让百姓重新种植庄稼。而改种庄稼，需要帮助百姓买耕牛、买粮种，但山西连年干旱、歉收，加上贪官污吏的中饱私囊，拿不出救济款发放给老百姓。他深感世事多艰，有时太坚持原则会把人难死，他决定向商号上司募捐。这时，他第一个想到的就是孔上司。

  他想，孔上司很有实力，他拿银子贿赂自己，无非是为了日后得到关照。如果说服孔上司把银子捐出来，为山西的百姓做善事，以银子换美名，他或许会同意。

  经过商谈，孔上司终于表示愿意拿出5万两银子，但前提是满足他的两个愿望，一是请张之洞在他票号大门口的匾上题写"天下第一诚信票号"8个字；第二个愿望是张之洞为他弄个"候补道台"的官衔。

  刚开始张之洞觉得孔上司的这两个条件都不能答应，因为自己连泰裕票号诚信不诚信都不知道,又怎么能说它是"天下第一诚信票号"呢?第二,他向来讨厌捐官,认为捐官是一桩扰乱吏治的大坏事,自己厌恶的事自己怎么能做?!这个孔上司也太过分了,仗着有几个钱居然伸手要做道台!人家千千万万读书郎,数十年寒窗苦读,到死说不定还得不到正四品的顶子呢!可是不答应他,又到哪里去弄5万两银子呢?没有这5万两银子,就没有五六千户人家的种子、耕牛,他们地里长的罂粟就不会被铲除,禁烟在这些地方就成了空话。

  5万两银子毕竟不是个小数目,这对张之洞的诱惑太大了。经过反复思考,张之洞决定采用折中迂回的手段,答应为孔上司的票号题写"天下第一诚信"6个字,这跟孔上司所要求的那8个字相比,不仅仅少了"票号"两个字,而意思上也有了很大的不同,因为"天下第一诚信"这六个字意味着:天下第一等重要的是"诚信"二字,并不一定是说他们泰裕票号的诚信就是天下第一。

  至于他的第二个要求,张之洞反反复复想了很久,最后给自己找了这样一个台阶:一来,捐官的风气由来已久，不足为怪；二来，即使孔上司做了道台，他依旧要做他的票号生意，并不会等着去补缺，也就不会去抢别人的位置，所以对孔上司来说不过是得了个空名而已。再者，按朝廷规定，捐4万两银子便可得候补道台，孔上司要捐5万，已经超过了规定的数目，给他个道台的虚名，于情于理都不为过。为了5万两救民解困的银子，张之洞终于"说服"了自己，而孔上司最后也答应了张之洞的折中方案。

把事情办得周全，让各方人都舒服，才叫高明。张之洞做出这种折中的方案也有些无奈，但世事多艰，有几件事可以简单、顺利地办理呢？张之洞采取迂回的方式，借孔上司的钱改善民生，而孔上司也得到了名，并不违背大的原则，也无可厚非。

人们常称赞一举两得、两全其美的举措，是因为这些举措排除了产生的负面效果，直接达到了预期的目标。有人询问一位办事高手："如何才能办好每件事？"高手答道："也没有什么，只是折中罢了。"这"折中"二字可使我们在生活中受益良多。

在很多场合，若总是拍着胸膛理直气壮地叫嚷："我眼里揉不得沙子。"不肯放过每一个可以显示自己聪明的机会，张口就是应该怎样怎样，不应该怎样怎样，遇事总是喜欢先用一种标准来判断一下对与错，是费力不讨好，原因就是不懂得难得糊涂的道理。

记住该记住的，忘掉该忘掉的

  两个一起跑步的人，跟在后面的总会显得累些；社会在发展，如果跟不上节奏就会觉得累；想干的事情很多，做过的梦也很多，可是什么也没有做成，于是觉得累；睁开两眼历历在目，闭上双眸又不堪重负，看不到希望和光芒，于是感叹心累了。

  心累到底是什么？是无可奈何花落去，是一人为更多的个人自由而付出的沉重代价。不到长城非好汉、对社会地位的渴望等等，都会造成自身的不快，于是就有了心累的感觉。

  人之所以会心累，就是追求的太多。人生在世，不可能事事如意。有些人常常觉得自己很不幸，其实世界上还有比他们更痛苦的人。人之所以会心累，就是记性太好，该记的、不该记的都会留在记忆里。而我们又时常记住了应该忘掉的事情，忘掉了应该记住的事情。为什么有人说傻瓜可爱、可笑，因为他忘记了人们对他的嘲笑与冷漠、忘记了人世间的恩恩怨怨、忘记了世俗的功名利禄、忘记了这个世界的一切，所以他永远不会心累。

  感到心累的人，往往修养不够，没有一定的承受能力。硬要把单纯的事情看得很严重，把简单的东西想得太复杂，所以会很痛苦。

不快乐的人之所以不快乐，就是计较得太多。看到别人过得幸福，自己就有种失落和压抑感。其实他们只看到了表面现象，或许快乐的人也有其辛苦之时，人人都在追求高品质的生活，人人都想得到自己想要的东西，人人都在为了自己的目标忙碌着、奋斗着，得到了，开心一时；得不到，也不需痛苦一世。

世界上没有完美无缺的东西，不完美其实才是一种美，只有在不断地争取、不断地承受失败与挫折时，才能发现快乐。

人之所以不知足，就是有着太多的虚荣心。俗话说，知足者常乐，人不是因为拥有的东西太少，而是想要的东西太多。

人之所以会心累，就是没有知足心。每个人对幸福的感觉和要求都不相同，一个容易满足、懂得知足的人就不会心累。曾经看到过这样一句话："幸福就如一座金字塔，是有很多层次的，越往上幸福越少，得到幸福相对就越难；越是在底层越是容易感到幸福，越是从底层跨越的层次多，其幸福感就越强烈。"幸福其实就是一种期盼，一种心灵的感受。

人之所以会心累，就是想得太多。身体累不可怕，可怕的就是心累。心累就会影响心情，会扭曲心灵，会危及健康。其实每个人都有被他人所牵累、被自己所负累的时候，只不过有些人会及时地调整，而有些人却深陷其中不得其乐。在这个充满竞争的社会里，有太多的难题和烦恼，要活得一点不累也不现实。

所以要学会适应，把手里的东西放下，不必过分在意别人的看法，不要把别人的行为结果当作自己的追求目标。只有这样，才能体验到生活本身的意义与快乐。

吃糊涂亏，积无量福

从表面上来看，吃亏，意味着舍弃与牺牲。如果以同样的方式来理解"吃亏是福"，那么从中便很容易看出这样做似有犯傻之嫌疑。常言道：人不为己，天诛地灭。宁愿吃亏，而且还认为吃亏是福，或许只有精神不正常的人或者傻到极点的糊涂人才会这么认为。吃了亏不发怒，不伺机报复已是不错了，还要让人认定这是一种福气，乍一听，实在说不过去。其实，强调"吃亏是福"，是寄托长远的清醒，也是心安理得，心境平和的自在，是吃小亏避大亏的智慧。

路径窄处，留一步与人行；滋味浓处，减三分让人尝。特别当残酷的现实需要我们作出舍弃与牺牲时，如果我们能够坦然处之，吃"眼前亏"，能舍弃和牺牲某些利益，学会"糊涂"不去计较这些，失去的大多是物质的和暂时的。吃这样的亏会让我们的生活静好，来去自如，逍遥自在，让人生进入极乐境界。

常言道："人吃亏，人常在。"吃亏不是不求索取，不是没有追求，不是无所作为，而是一种坦然，坦然面对理性中的得失和追求；是一种豁然，豁然面对悟性中的索取和作为；是一种超越，超越于别人忙于追名逐利而仍然保持的宁静和明智。如果在得失面前，保持一种超然的心态、淡泊的情怀，就会有一分清醒、一分思考、一分期待、一分追求。因此，吃亏也是一种修养，一种气质，一种境界。

反之，一点亏也吃不得，处处想占便宜的人，虽然处处争得自身利益，争得高高在上，最终则必将众叛亲离，孤立无援，为众人所遗弃。当然，我们并不主张做浑浑噩噩、不知所为的庸者，但我们要在收获与付出、得与失的理性中去赢取团结合作的氛围。因此只有不怕吃亏的人，才能与人和谐共处，才能赢得众心归，才能有权威，才能有所作为。

在实际生活中，越是不肯吃亏的人，越是可能吃亏，而且往往还会多吃亏，吃大亏。这是不以人的意志为转移的规律。那些贪官不甘心吃亏，面对金钱的诱惑，他们无法克制自己，为了满足自己的欲望，自以为聪明，他们把人民给予的权力，用来牟取私利，权钱交易，用来当作自己的生财之道。到头来为了一个"贪"字丢官罢职掉脑袋，葬送了自己的一切。

所以说，天底下没有免费的午餐，同样也没有白吃的亏。吃亏就是耕耘，为了希望种子的撒播；吃亏就是播种，为了夏季艳丽的花朵；吃亏就是浇灌，为了秋天丰硕的收获！

"吃亏是福"，是人生的一种达观大度，内中蕴含着丰富无穷的人生哲理，不仅仅需要细细咀嚼，更要努力实践。如此果真做到，人生定会有一道色彩斑斓、醉人迷眼的亮丽风景，身在其中，其乐融融、其福无穷。

糊涂比聪明更显智慧

有一道题问：如果让你漂流到一个荒岛，只能带三样东西，你会带什么？有的人回答：一颗柠檬树、一只鸭子、一个傻瓜。为什么不带聪明人而带傻瓜呢？因为聪明人会砍掉柠檬树，吃掉鸭子，甚至最后害了主人；只有傻瓜，才能执着地拼命做事。生活中，人们需要这种傻瓜精神，傻瓜精神是一种静心的处世方法，有傻瓜精神的地方往往会发生奇迹。

聪明难，糊涂更难，聪明是一种艺术，然而聪明过头反而会招致不必要的损失，所谓聪明反被聪明误即是此理。而糊涂却不仅是一种艺术了，它更是一种真正的人生大智慧。

世界上聪明的人不多，估计十中只有一，而智者更为罕见，估计百里无一。在现实生活中，不愿意吃亏的总是聪明人，而愿意"吃亏"的是智者。

聪明人与别人共事总能保全自己的眼前利益，而智者则更多看重的是长远利益；聪明人能把握机会，知道自己什么时候该出手，而智者知道什么时候该放手。所以拿得起来的是聪明人，放得下的是智者。

聪明能获得很多知识，而智慧让人更有文化。反过来，一个人知识越多越聪明，而文化越多越智慧。聪明人喜欢处处逞强，超人一筹；而智者则喜欢更多示弱，含而不露。因为他知道示弱不仅是一种智慧，亦是一种力量，智者常常是以出世的心态做入世的事情的人。

聪明人总喜欢把自己闪光的一面展现出来，也就是所谓的脱颖而出。比如在一个聚会里聪明人嘴忙，往往侃侃而谈，因此是茶壶；而智者耳忙，注意聆听别人，因此是茶杯。茶壶里的水最终要倒进茶杯里。

聪明人常常因为左右逢源而显得热闹，而智者往往因为甘于淡泊而显得冷清。前者赚来的是一时的人缘，而后者更能长久的赢得人心。

聪明多数得益于遗传，而智慧更多靠修炼。聪明靠耳朵、靠眼睛，所谓耳聪目明；而智慧靠心，所谓慧由心生。聪明能带来财富和权利，智慧能带来快乐。因此聪明人往往有更多技能，而现实中这些技能只要机缘巧合，就能转化为财富和权利；但是财富、权利与快乐很多时候不能成正比，因为快乐来自人心。因此求才求聪明容易，求脱离烦恼，非修智慧不可。

洞明人生，难得糊涂

懂得"糊涂"、会随遇而安的人眼光远大、胸怀宽阔，把世间的一切变化都看得很平常、很自然。这样的人心理必然平衡，平时笑口常开，自然健康长寿，生活愉快幸福。

郑板桥写的"难得糊涂"字幅下，有他题的一行款跋：

"聪明难，糊涂难，由聪明而转入糊涂更难。放一着，退一步，当下心安，非图后来福报也。"这行款跋，当是郑板桥对"难得糊涂"的解释，即对自己处世哲学的一种解释。

从字幅上标明的日子看，字幅写于乾隆十六年，当时郑板桥正在山东潍县当知县。一向正直、率真、清正廉明的郑板桥在当时黑暗的官场上很举步维艰，常常受到恶势力的嘲讽、刁难。他一面以嬉笑怒骂来抗争，一面又彷徨悲观，产生了出世思想。这时他的情绪是压抑、苦闷、孤独、自嘲、彷徨、悲观、痛苦交织在一起，就是在这种情绪下，他写了"难得糊涂"的字幅，不久便辞官归隐。

这样，就可以明白款跋的意思了："聪明难"——要进取，要"众人皆醉我独醒"当然难；"糊涂难"——得过且过本来并不难，但一个一心想勤政执法、为百姓做事的人心中并不愿意这样做，因此也难；"由聪明而转入糊涂更难"——抗争不过官场的黑暗势力，又不愿昧着良心去"糊涂"，这种"聪明"之后的"糊涂"更难；款跋最后一句"放一着，退一步，当下心安，非图后来福报也"——在前面种种的"难"面前，只有小心从事、知进知退，才能不冒失、不惹祸，只求心里安宁，不求后世福报。

钟爱这句名言者大多为并不糊涂者。试想，没有文化的村夫市井世事不明，可谓糊涂，可他并不去说什么难得糊涂不糊涂，也不为自己的糊涂或悲哀或欢喜，糊里糊涂地就这么过着也挺好；而那些并不糊涂的人却总盼望着自己"糊涂"，因为太清醒了，所以才盼望能"糊涂"一点。

思维能力是上苍赋予人类的唯一宝贵能力，是对人类的厚爱，不用它可惜。越是读书多的人越爱想问题，可是这思维能力往往越用越害怕，问题越想越多，想来想去又不得穷其究尽，只觉得寒气逼人，可谓高处不胜寒。于是眼睛一闭，又盼望"糊涂"了。这大约就是"难得糊涂"流传久远的原因了吧。

然而，世界是庞大且纷繁复杂的，很多事情是处于混沌状态之中的，从新兴的前沿学科"混沌学""模糊理论""模数数学"还有"模糊控制"可略见一斑。从这一角度来看，这里的"模糊"却又是大智慧的表现。是的，世界之大，世事之多，要想事事穷其究尽，人大概会很累。比如做这件事情自己吃亏多少他人占便宜几何、某样东西该不该买、某件事情此时是否非得去做、某种钱该不该花、天气有点热窗户该在几时几分打开等，恐怕都会因时因地因人而有多种答案；何况，往往20年前看起来是挺合理的事情,今天看起来可能又不合理了;若干年前看起来是大逆不道的事情,今天谈论它可能又觉得是一种情有可原的存在了,这样的事情还少吗?世界本来就是多元的,要想事事都有一个明确统一的标准也不可能。有个说法叫"因地制宜""因人制宜""与时俱进"——时过境迁、物是人非,这些都是颇能说明问题的,郑板桥说的"糊涂"应该是指以上一些事情。在这些问题上,真的应该"糊涂糊涂",不然不仅活得太累,而且太愚蠢了。

事无巨细、斤斤计较、一律较真，表面看起来挺精明，殊不知实际上是大愚蠢，往往会因小失大。这样的例子举不胜举。

表面上看起来为人马马虎虎，什么事也不计较，和善易处，但遇原则问题毫不含糊、据理力争、有理有节，这是大智慧者，因大而弃小。

由是观之，难得糊涂是一种很科学、很智慧、很艺术的为人处世之道，掌握起来真不容易，这才是"糊涂"之所以"难得"的原因。因为只有"大智"才能"若愚"——不是吗？

第七章

感谢折磨你的人，感恩磨炼你的事

"蘑菇经历"是一笔宝贵的人生财富

人不可能一出生就在聚光灯下成长,很多成功人士都有一段蛰伏地下的艰难岁月,正像蘑菇一样,那段岁月对成功者而言是一笔宝贵的财富。

蘑菇长在阴暗的角落,得不到阳光,也没有多少肥料,自生自灭,只有长到足够高的时候才开始被人关注,可此时它自己已经能够接受阳光了。

"蘑菇定律"就是据此而来,是大多数组织对待初入门者、初学者的一种管理原则。据说,它是20世纪70年代由一批年轻的电脑程序员"编写"的(这些天马行空、独往独来的人早已习惯了人们的误解和漠视,所以在这条"原则"中,自嘲和自豪兼而有之)。该原则的大意是:初学者一般像蘑菇一样被置于阴暗的角落(不受重视的部门,或打杂跑腿的工作),头上浇着大粪(无端的批评、指责、代人受过),只能自生自灭(得不到必要的指导和提携)。

如果你刚进入社会不久,或仍对那个时期记忆犹新,相信这一条"蘑菇管理原则"一定会让你发出会心而苦涩的一笑。的确,绝大多数初出茅庐的年轻人都有过一段"蘑菇"经历,总之,那是一段困难的日子。

"蘑菇经历"是事业上最为漫长的磨炼,也是痛苦的磨炼之一,它对人生价值的体现起到至关重要的作用。经过这个阶段的磨炼,你就会熟练地掌握当前从事工种的操作技能,提升一些为人处世的能力,以及培养挑战挫折、失败的意志,这也是最重要的。诸多能力的具备,为你将来职业的顺利发展铺平了道路。

从这个意义上来说,"蘑菇经历"是人生的一笔宝贵财富,只有经受这个阶段的磨炼,你才能深刻地领悟这句话的含意。

但是,不愉快的事情并不是生命中的厄运。从某种意义上讲,让自己做上一段时间的"蘑菇",可以消除自我不切实际的幻想,从而使自己更加接近现实,更实际、更理性地思考问题和处理问题,对人的意志和耐力的培养有促进作用。但用发展的眼光来看,"蘑菇管理"有着先天的不足:一是太慢,还没等它长高长大,恐怕疯长的野草就已经把它盖住了,使它没有成长的机会;二是缺乏主动,有些本来基因较好的"蘑菇",一钻出土就碰上了石头,因为得不到帮助,结果胎死腹中。如何让他们成功地走过生命中的这一段,尽快吸取经验、成熟起来,这是我们所应当考虑的问题。

因此，如果你现在感到自己被埋没而没有出人头地，那你一定不要悲哀，把这段"蘑菇经历"当作人生的一笔宝贵财富来珍藏，对你的一生都大有裨益。

人生总是从寂寞开始

每个想要突破目前的困境的人首先都需要耐得住寂寞，只有在寂寞中才能催生一个人的成长。

曾有人在谈及寂寞降临的体验时说："寂寞来的时候，人就仿佛被抛进一个无底的黑洞，任你怎么挣扎呼号，回答你的，只有狰狞的空间。"的确，在追寻事业成功的路上，寂寞给人的精神煎熬是十分厉害的。想在事业上有所成就，自然不能像看电影、听故事那么轻松，必须得苦修苦练，必须得耐疑难、耐深奥、耐无趣、耐寂寞，而且要抵得住形形色色的诱惑。能耐得住寂寞是基本功，是最起码的心理素质。耐得住寂寞，才能不赶时髦，不受诱惑，才不会浅尝辄止，才能集中精力潜心于所从事的工作。耐得住寂寞的人，等到事业有成时，大家自然会投来钦佩的目光，这时就不寂寞了。而有着远大志向却耐不住寂寞，成天追求热闹，终日浸泡在欢乐场中，一混到老，最后什么成绩也没有的人，那就将真正寂寞了。其实，寂寞不是一片阴霾，寂寞也可以变成一缕阳光。只要你勇敢地接受寂寞，拥抱寂寞，以平和的爱心关爱寂寞，你会发现：寂寞并不可怕，可怕的是你对寂寞的惧怕；寂寞也不烦闷，烦闷的是你自己内心的空虚。

曾获得奥斯卡最佳导演奖的华人导演李安，在去美国念电影学院时已经26岁，遭到父亲的强烈反对。父亲告诉他：纽约百老汇每年有几万人去争几个角色，电影这条路走不通的。李安毕业后，7年，整整7年，他都没有工作，在家做饭带小孩。有一段时间，他的岳父岳母看他整天无所事事，就委婉地告诉女儿，也就是李安的妻子，准备资助李安一笔钱，让他开个餐馆。李安自知不能再这样拖下去，但也不愿拿丈母娘家的资助，决定去社区大学上计算机课，从头学起，争取可以找到一份安稳的工作。李安背着老婆硬着头皮去社区大学报名，一天下午，他的太太发现了他的计算机课程表。他的太太顺手就把这个课程表撕掉了，并跟他说："安，你一定要坚持自己的理想。"

因为这一句话，这样一位明理聪慧的老婆，李安最后没有去学计算机，如果当时他去了，多年后就不会有一个华人站在奥斯卡的舞台上领那个很有分量的大奖。

李安的故事告诉我们，人生应该做自己最喜欢最爱的事，而且要坚持到底，把自己喜欢的事发挥得淋漓尽致，必将走向成功。

你的生命是有限的，但你的人生却是无限精彩的。也许你会成为下一个李安。

但你需要耐得住寂寞，7年，你等得了吗？很有可能会更久，你等得到那天的到来吗?别人都离开了,你还会在原地继续等待吗?

一个人想成功,一定要经过一段艰苦的过程。任何想在春花秋月中轻松获得成功的人距离成功遥不可及。这寂寞的过程正是你积蓄力量,开花前奋力地汲取营养的过程。如果你耐不住寂寞,成功就不会降临于你。

不要让自己成为"破窗"

人都要准确地把握自己的人生行程,无论何时,都要记住,你千万不要让自己成为那扇"破窗",否则,最先被淘汰出局的就是你。

美国斯坦福大学心理学家詹巴斗曾做过这样一项实验:他找来两辆一模一样的汽车,一辆停在比较杂乱的街区,一辆停在中产阶级社区。他把停在杂乱街区的那辆车的车牌摘掉,顶棚打开,结果一天之内就被人偷走了;而摆在中产阶级社区的那一辆过了一个星期仍安然无恙。后来,詹巴斗用锤子把这辆车的玻璃敲了个大洞,结果,仅仅过了几个小时,它就不见了。

以这项试验为基础,政治学家威尔逊和犯罪学家凯琳瑟提出了"破窗理论":如果有人打破了一个建筑物的窗户玻璃,而这扇窗户又得不到及时的维修，别人就可能受到某些暗示性的纵容去打烂更多的窗户玻璃。久而久之，这些破窗户就给人造成一种无序的感觉。结果在这种公众麻木不仁的氛围中，犯罪就会滋生、增长。"破窗理论"给我们的启示是：必须及时修好"第一扇被打碎的窗户玻璃"。

因此，若你成为那扇破窗，那么最先被淘汰出局的人就是你。

美国有一家以极少辞退员工著称的公司。一天，资深熟练车工杰克为了赶在中午休息之前完成三分之二的零件，在切割台上工作了一会儿之后，他就把切割刀前的防护挡板卸下放在一旁，没有防护挡板安放收取加工零件会更方便更快捷一点。大约过了一个多小时，杰克的举动被无意间走进车间巡视的主管逮了个正着。主管雷霆大怒，除了让杰克立即将防护板装上之外，又站在那里大声训斥了半天，并声称要作废杰克一整天的工作量。

事到此时，杰克以为也就结束了。没想到，第二天一上班，有人通知杰克去见老板。在那间杰克受过好多次鼓励和表彰的总裁室，杰克听到了要将他辞退的处罚通知。总裁说："身为老员工，你应该比任何人都明白安全对公司意味着什么。你今天少完成了零件，少实现了利润，公司可以换个人、换个时间把它们补起来，可你一旦发生事故失去健康乃至生命，那是公司永远都补偿不起的……"

离开公司那天，杰克流泪了，工作的几年时间里，杰克有过风光，也有过不尽如人意的地方，但公司从没有人说他不行。可这一次不同,杰克知道,他这次触及了公司灵魂的东西。

这个小小的故事向我们提出这样一个警告:一些影响深远的"小过错"通常能产生无法估量的危害,没能及时修好自己"打碎的窗户玻璃"也许会毁了自己的职业生涯。所以,任何一个人,一定要避免让自己成为一扇"破窗"。

耐心地做你现在要做的事

每个人都会有一段蛰伏的经历,在为成功而默默奋斗。这个时期,你需要的不是浮躁和怨天尤人,而是耐心地做好你现在要做的事。

每个夏天,我们都能听到在高树繁叶之中蝉的清脆鸣叫,它们有透明的羽翼,在风中鸣叫很让人惬意。殊不知这些蝉一生中绝大部分岁月是在土中度过的,只是到生命的最后两三个月才破土而出。

人的生命历程其实也是这样,每一个希冀成功的人,也必须有长时间蛰伏地下的经历,好好磨炼自己,好好培养自己。

在一个学习班里,同学们讨论的主题是,一个人应当如何把他的热情投入到工作中去。这时一位年轻的妇女在教室后面举起手,她站起来说道:

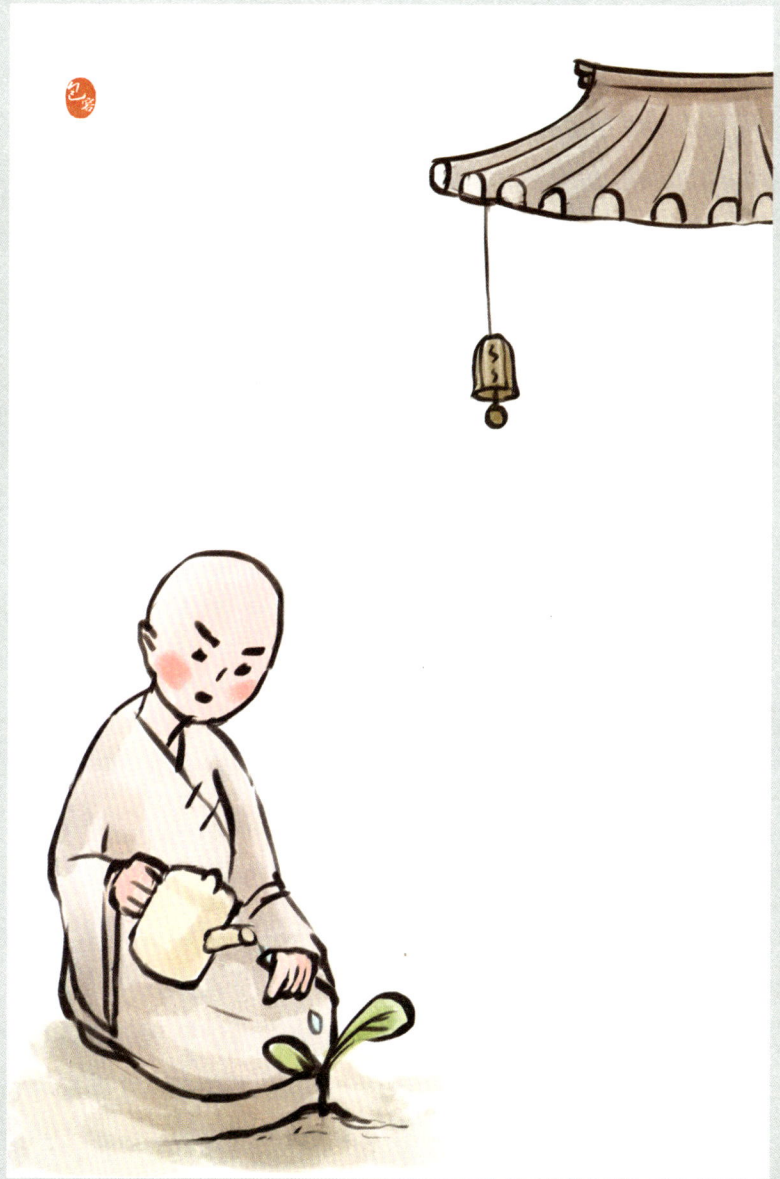

"我是和我的丈夫一起到这里来的。我想如果一个男人把全部热情投入到工作中去也许是对的，但是对于一个家庭主妇说来却没有益处。你们男子每天都有有趣的新任务要做，但是家务劳动就无法相比了，做家务劳动的烦恼是单调乏味，令人厌烦。"

其实有许多人在做这种"单调乏味"的工作。如果我们能找到一种方法帮助这位少妇，也许我们就能帮助许多自认为自己的工作是单调乏味的人。

教师问她什么东西使得她的工作如此的"单调乏味"。她回答说："我刚刚铺好床，床就马上被弄乱了；刚刚洗好碗碟，碗碟就马上被用脏了；刚刚擦干净了地板，地板就马上被弄得泥污一片。"她说，"你刚刚把这些事做好，这些事马上就会被人弄得像是未曾做过一样。"

教师说："这真是令人扫兴。有没有妇女喜欢做家务劳动？"她说："啊，有的，我想是有的。"

"她们在家务劳动中发现什么使得她们感到有趣、保持热情的东西没有呢？"

少妇思考了片刻回答道："也许在于她们的态度。她们似乎并不认为她们的工作是禁锢，而似乎看见了超越日常工作的什么东西。"

这就是问题的症结。工作满意的秘密之一就是能"看到超越日常工作的东西"，要知道你的工作是会取得成果的，这句话是对的。无论你是家庭主妇、秘书、加油站的操作员，或者大公司的总经理，只要你把日常琐事看作是前进的踏脚石，你就会从中找到令人满意的地方。

作为一名没有成功的蛰伏者,你必须调节好你的心态,要在日常工作中"看到超越日常工作的东西",耐心地做好你现在要做的事,脚踏实地前进。终有一天,成功会降临到你头上。

学会必要的忍耐

美国第三任总统杰弗逊在给子孙的告诫中有一条是:"当你气恼时,先数到10后再说话;假如怒火中烧,那就数到100。"

生活中,在遇到一些不顺心和不如意的事情时,我们的情绪往往会被超常激发起来,陷入激动、委屈、不安等精神状态中。此时最容易被情绪操纵,不顾理智做出鲁莽之事。"忍一时风平浪静,退一步海阔天空",在这个时候,务必要记住"忍耐"二字。强制自己把心情平静下来,认真选择利最大、弊最小的做法,以求达到在当时可能取得的最好效果。

作为命运的主宰者——人,我们应该学会忍耐,因为它常会让我们有意想不到的收获。人在现实中生活,犹如驾一叶扁舟在大海中航行,巨浪和旋涡就潜伏在你的周围,可能会随时袭击你,因此,你要当个好舵手,同时还得具有克服艰难的毅力和勇气,设法绕过旋涡,乘风破浪前进。换言之,忍耐也是面对磨难的一种手法，以不变应万变；忍耐更是一种力量，它能磨钝利刃的锋芒。但忍耐不是软弱，不是退却，也不是背叛，而是以退为进的策略，是求同存异，是寻找合作。

现在大家都知道俞敏洪是千万富豪、亿万富翁，但又有谁知道俞敏洪这样一类创业者是怎样成为千万富翁、亿万富翁的呢？他们在成为千万富翁、亿万富翁的道路上，付出了怎样的艰辛，付出了怎样的努力，忍受了多少别人不能够忍受的屈辱、憋闷、痛苦，有多少人愿意付出与他们一样的代价，获取与他们今天一样的财富？

当你不愿让命运来主宰你的一切，但又没有反击命运的能力时，切记，应学会忍耐！

忍耐是沉默，功亏一篑是因为不懂得忍耐的真正含义，而坚韧不拔地追求并排除万难有所超越则是忍耐的外延。实际上，忍耐是一种酝酿胜利的高超手段。忍耐实际上是一种动态的平衡，是一种形式的转换，不要被利益所陶醉，也不要因没有利益而悲伤。忍耐可以帮助我们摆脱烦恼，获得人生的真谛。

非洲的一位总统问一位友人有什么好经验，这位友人就说了一句话："忍耐。"忍耐不是目的是策略，是胜敌的关键所在，但一般人做不到。我们有时候不妨学一学鸵鸟，逆来顺受。但是，这不是教大家颓废，只是让大家学会忍让，为将来的爆发，也就是成功创造条件，同时它也可以为你提供丰富的经验。日常生活中，每一个人总会遇到他人的一些伤害，无缘由的中伤、诽谤……

百忍成钢，人生就像一个磨刀的过程，忍耐好比磨刀石。当心性修炼得清澈如镜，达到这种不以物喜，不以己悲的境界时，那就是我们历经千锤百炼的刀已炼成。

顾客把你磨炼成上帝的天使

不要厌烦顾客的折磨，通过顾客的各种各样的折磨，你的业务能力会得到不同程度的提高，这会为你今后的成功奠定坚实的基础。

阿迪·达斯勒被公认为是现代体育工业的开创者，他凭着不断的创新精神和克服困难的勇气，终身致力于为运动员制造最好的产品，最终建立了与体育运动同步发展的庞大的体育用品制造公司。

阿迪·达斯勒的父亲靠祖传的制鞋手艺来养活一家四口人，阿迪·达斯勒兄弟帮助父亲做一些零活。一个偶然的机会，一家店主将店房转让给了阿迪·达斯勒兄弟，并可以分期付款。

兄弟俩高兴之余，资金仍是个大问题，他们从父亲作坊搬来几台旧机器，又买来了一些旧的必要工具。这样，鲁道夫和阿迪正式挂出了"达斯勒制鞋厂"的牌子。

起初，他们以制作一些拖鞋为主，由于设备陈旧、规模太小，再加上兄弟俩刚刚开始从事制鞋行业，经验不足，款式上是

模仿别人的老式样,种种原因导致生产出来的鞋销售并不好。

困境没有让两个年轻人却步,他们想方设法找出矛盾的根源所在,努力走出失败的困境。

聪明的阿迪逐渐意识到:那些成功企业家的秘诀在于牢牢抓住市场,而他们生产的款式已远远落后于当时的市场需求。

兄弟俩着手寻找自己的市场定位,经过市场调查,终于有了结果:他们应该立足于普通的消费者。因为普通大众大多数是体力劳动者,他们最需要的是既合脚又耐穿的鞋。再加上阿迪是一个体育运动迷,并且深信随着人们生活水平的提高,健康将越来越会成为人们的第一需要,而锻炼身体就离不开运动鞋。

定位已经明确,接下来就是设计生产的问题了。他们把自己的家也搬到了厂里,一个多月后,几种式样新颖、颜色独特的跑鞋面世了。

然而,新颖的跑鞋没有像兄弟俩想象的那样畅销。当阿迪兄弟俩带着新鞋上街推销时，人们首先对鞋的构造和样式大感新奇，争相一睹为快。

可看过之后，真正购买的人很少，人们看着两个小伙子年轻、陌生的脸孔，带着满脸的不信任离开了。

兄弟俩四处奔波，向人们推荐自己精心制作的新款鞋，一连许多天，都没有卖出一双鞋。

阿迪兄弟本以为做过大量的市场调查之后生产出的鞋子，一定会畅销，然而无法解决的困难又一次让两个年轻人陷入绝境。

可阿迪·达斯勒的字典里没有"输"这个词，只有勇气陪伴着他们，去闯过一个个难关。

在困难面前，阿迪兄弟没有消沉，没有退缩，而是迎着困难继续努力，在仔细分析当时的市场形势和自己工厂的现状后，终于找到了解决的办法。

兄弟俩商量后决定：把鞋子送往几个居民点，让用户们免费试穿，觉得满意后再向鞋厂付款。

一个星期过去了，用户们毫无音讯，两个星期过去了，还是没有消息。兄弟俩心中都有些焦躁，有些坐不住了。

在耐心地等候中，又一个星期过去，他们现在唯一的办法也只有等待了。一天，第一个试穿的顾客终于上门了。他非常满意地告诉阿迪兄弟俩，鞋子穿起来感觉好极了，价钱也很公道。在交了试穿的鞋钱之后，又定购了好几双同型号的鞋。

随后不久，其余的试穿客户也都陆续上门。一时之间，小小的厂房竟然人来人往，络绎不绝。鞋子的销路就此打开，小厂的影响也渐渐扩大了。

阿迪兄弟俩没有被初次创业所遭受顾客的种种困难所吓倒，面对资金不足、经验不足、信誉缺乏等困难，他们凭着自己的信心和勇气一一攻克，为日后家族现代体育工业帝国的建立，打下了坚实的基础。

现在的你也一样，不要抱怨顾客对你的折磨，因为，唯有这些折磨才能将你磨炼成美丽的"天使"。

善待你的对手

一旦谈到双赢，人们一向以为这种情况只会发生在自己与合作伙伴之间，而与对手，"不是你死，就是我亡"，这才是最终的结局。

真的是这样吗？显然，答案是否定的。其实我们和对手也可以走进双赢的境地。

对手，是失利者的良师。有竞争，就免不了有输赢。其实，高下无定式，输赢有轮回。曾经败在冠军手下的人，最有希望成为下一场赛事的冠军。只因败者有赢者作师，取人之长，补己之短，为日后取胜奠基。更有一些智者，一番相争之后，便能知己知彼，比得赢就比，比不赢就转，你种苹果夺冠，我种地瓜也可以领先。

对手，是同组的搭档。人生在世能够互成对手，也是一种缘分，仿佛同一个分数中的分子、分母。如此说，结局往往只有赢多赢少之别，并无绝对胜败之分。角色有主有次，登台有先有后，掌声有多有少，但彼此相依，缺了谁戏也演不成。同在一个领导班子中也如此，携手共进，共创佳绩，方可交相辉映。

孟子说："入则无法家拂士，出则无敌国外患者，国恒亡。"奥地利作家卡夫卡说："真正的对手会灌输给你大量的勇气。"善待你的对手，方尽显品格的力量和生存的智慧。

在秘鲁的国家级森林公园，生活着一只年轻的美洲虎。由于美洲虎是一种濒临灭绝的珍稀动物，全世界现在仅存17只，所以为了很好地保护这只珍稀的老虎，秘鲁人在公园中专门辟出了一块近20平方公里的森林作为虎园，还精心设计和建盖了豪华的虎房，好让美洲虎自由自在的生活。

虎园里森林茂密，百草丛生，沟壑纵横，流水潺潺，并有成群人工饲养的牛、羊、鹿、兔供老虎尽情享用。凡是到过虎园参观的游人都说，如此美妙的环境，真是美洲虎生活的天堂。

然而，让人们感到奇怪的是，从没有人看见美洲虎去捕捉那些专门为它预备的"活食"。从没有人见它王者之气十足地纵横于雄山大川，啸傲于莽莽丛林，甚至未见它像模像样地吼上几嗓子。

人们常看到它整天待在装有空调的虎房里,或打盹儿,或耷拉着脑袋,睡了吃吃了睡,无精打采。有人说它大约是太孤独了,若是找个伴儿,或许会好些。

于是政府又通过外交途径,从哥伦比亚租来了一只母虎与它做伴,但结果还是老样子。

一天,一位动物行为学家到森林公园来参观,见到美洲虎那副懒洋洋的样儿,便对管理员说,老虎是森林之王,在它所生活的环境中,不能只放上一群整天只知道吃草,不知道猎杀的动物。

这么大的一片虎园,即使不放进去几只狼,至少也应该放上两只猎狗,否则,美洲虎无论如何也提不起精神。

管理员们听从了动物行为学家的意见,不久便从别的动物园引进了两只美洲狮投进了虎园。这一招果然奏效,自从两只美洲狮进虎园的那天起,这只美洲虎就再也躺不住了。

它每天不是站在高高的山顶愤怒地咆哮,就是有如飓风般冲下山冈,或者在丛林的边缘地带警觉地巡视和游荡。老虎那种刚烈威猛、霸气十足的本性被重新唤醒。它又成了一只真正的老虎,成了这片广阔的虎园里真正意义上的森林之王。

一种动物如果没有对手,就会变得死气沉沉。同样的,一个人如果没有对手,那他就会逐渐甘于平庸,养成惰性,最终导致庸碌无为。

一个群体如果没有对手,就会因为相互的依赖和潜移默化而丧失灵活,丧失生机。

一个行业如果没有对手，就会因为丧失进取的意志、安于现状而逐步走向衰亡。

　　仔细一想，便会发现拥有一个强劲的对手，反而倒是一种福分、一种造化。因为一个强劲的对手，会让你时刻有种危机四伏感，它会激发起你更加旺盛的精神和斗志。

　　有时候，表面上看来，我们从对手身上得到的学习机会没有那么直接、明显，然而，仅仅是承受他带给我们的压力，就已是很宝贵的机会，可以对我们的成长起到很大的助益。我们要冷静地观察对方，客观地审视自己；也唯有这样，才能在与对手交手的过程中学到东西。

　　然而，很多人无法这样看待对手。由于对手和敌人往往只有一线之隔，甚至是一体两面，因而对手也很容易被视为仇人。很多人会带着各种情绪来看待对手，经常会这样想：敌人和仇人当然是不好的，哪有向他们学习的道理？

　　不少人在碰到对手的时候，首先是不屑一顾（觉得对手的实力不过如此），接下来是愤怒（发现这样的人竟然有很多人喜欢，甚至超过了自己），最后则是不允许别人在面前说对手的只言片语。

　　如果你有个很强的对手，你应该从心底欢喜。就像每天要照照镜子一样，你每天都要仔细盯紧这个对手，好好欣赏他，好好向他学习。而最好的学习，永远来自于你和他交手、被他击中的那一刻。

　　一个人有了对手，才会有危机感，才会有竞争力。有了对手，你便不得不奋发图强，不得不革故鼎新，不得不锐意进取，否则，就只有等着被吞并、被替代、被淘汰。

善待你的对手吧！有时候，将我们送上领奖台的，恰恰是我们的对手。

以高标准要求自己

人永远都不能满足于现状，你只有不断砸烂差的，才能创造更好的，才能无限地接近完满。

成功的人往往都是一些不那么"安分守己"的人，他们绝对不会因取得一些小小的成绩而沾沾自喜，眼前那点小成就会阻碍你继续前行的脚步。因此，只有砸烂差的，才能创造更好的。

一位雕塑家有一个12岁的儿子。儿子要爸爸给他做几件玩具，雕塑家只是慈祥地笑笑，说："你自己不能动手试试吗？"

为了制好自己的玩具，孩子开始注意父亲的工作，常常站在大台边观看父亲运用各种工具，然后模仿着运用于玩具制作。父亲也从来不向他讲解什么，放任自流。

一年后，孩子好像初步掌握了一些制作方法，玩具造得颇像个样子。这样，父亲偶尔会指点一二。但孩子脾气倔，从来不将父亲的话当回事，我行我素，自得其乐。父亲也不生气。

又一年，孩子的技艺显著提高，可以随心所欲地摆弄出各种人和动物形状。孩子常常将自己的"杰作"展示给别人看，引来诸多夸赞。但雕塑家总是淡淡地笑，并不在乎似的。

忽然有一天，孩子存放在工作室的玩具全部不翼而飞，他十分惊疑！父亲说："昨夜可能有小偷来过。"孩子没办法，只得重新制作。

半年后，工作室再次被盗！又半年，工作室又失窃了。孩子有些怀疑是父亲在捣鬼：为什么从不见父亲为失窃而吃惊、防范呢？

偶然一天夜晚，儿子夜里没睡着，见工作室灯亮着，便溜到窗边窥视：父亲背着手，在雕塑作品前踱步、观看。好一会儿，父亲仿佛做出某种决定，一转身，拾起斧子，将自己大部分作品打得稀巴烂！接着，将这些碎土块堆到一起，放上水重新和成泥巴。孩子疑惑地站在窗外。这时，他又看见父亲走到他的那批小玩具前，只见父亲拿起每件玩具端详片刻，然后，父亲将儿子所有的自制玩具扔到泥堆里搅和起来！当父亲回头的时候，儿子已站在他身后，瞪着愤怒的眼睛。父亲有些羞愧，温和地抚摸儿子的脸蛋，吞吞吐吐道："我……是……哦，是因为……只有砸烂较差的，我们才能创造更好的。"

10年之后，父亲和儿子的作品多次同获国内外大奖。

父亲不愧是位雕塑家，他不但深谙雕塑艺术品，更懂得雕塑儿子的"灵魂"。

每一个渴望出人头地的人都必须谨记：只有不断砸烂较差的，你才能完全没有包袱，创造出更好的，走上成功的殿堂。

给自己一点压力

美国鲍尔教授说:"人们在感受工作中的压力时,与其试图通过放松的技巧来应付压力,不如激励自己去面对压力。"

一个人的惰性与生存所形成的矛盾会是压力,一个人的欲望与来自社会各方面的冲突会是压力。说通俗一些,就是人生的各个阶段都有压力:读书有压力,上班有压力,做平头老百姓有压力,做领导干部也有压力。总之,压力无处不在!

压力是好事还是坏事?

科学家认为:人是需要激情、紧张和压力的。如果没有既甜蜜又有痛苦的冒险滋味的"滋养",人的机体就无法存在。对这些情感的体验有时就像药物和毒品一样让人上瘾,适度的压力可以激发人的免疫力,从而延长人的寿命。试验表明,如果将人关进隔离室内,即使让他感觉非常舒服,但没有任何情感体验,他很快会发疯。

压力带给人的感觉不仅仅是痛苦和沉重,它也能激发人的斗志和内在的激情,使你兴奋,使你的潜能被开发!

体育比赛的压力是大家都有目共睹的,正是因为压力大,才有了世界纪录的频频被打破。企业工作业绩的压力也是很大的,然而正是激励的竞争机制才有了企业的飞速发展,人才也层出不穷。

　　压力不仅能激发斗志，压力还能创造奇迹。据说有一条非常危险的山路，是人们外出的必经之路，多少年来，从未出过任何事故。原因是，每一个经过的人都必须挑着担子才能通行。可是奇怪的是，人们空着手走尚且很危险的一条狭窄的小路，一边是陡峻的山崖，一边是无底的深渊，而挑着担子反能顺利通过。那是因为挑着担子的心不敢有丝毫的松懈，全部精力和心思都集中在此，所以，多少年来，这里都是安全的。这正是压力的效应。

　　相反，没有压力的生活会使人生活得没有滋味。

　　试想，如果所有的学生都是一样的考分，不管你是多么努力！所有的员工都是一样的工资，不管你是多么勤奋！那还会有谁愿意继续努力？人人就只会混日子过，变得越来越懒散，激情也将消失殆尽！说大了，社会也将停滞不前。

　　但压力又不能太大，大得难以承受，人又会被压垮的。这样的例子也很多。有一个女孩因高考感觉没考好，就没有回家而直接走到江里了。当录取通知书发下时，她已离去很多日子。原因是，这次考试是一锤子"买卖"，如果这次没考上，她也就没有第二次机会了，家长对她是这样说的，所以她无法承受这样的压力，于是选择了永不面对。

　　压力不能没有，压力又不能过大，而压力又无法摆脱。是的，生活就是这样，充满着矛盾，我们只能去选择适应生活和改变自己。当你没有了激情，懒懒散散，那就给自己加压，定下一个目标，限期完成；当你感到压力使你身心疲惫，都快成机器了，你就要进行压力舒解，放下一些力不从心的追求。

当你没有任何压力的时候，人就会失去动力，成为轻飘飘的云，没有了方向，要想改变目前的现状，你必须给自己一些压力。珍珠的来历大家都知道，它是石子放进贝壳，经过不分昼夜的磨砺而成。也让我们学习贝壳吧，把压力变成珍珠！

给自己一个悬崖

给自己一个悬崖，你才能有被逼到绝境时的感受，才能迸发出你生命的潜能，从而一扫过去的慵懒，走向成功。

人总是生活在安逸的环境中，能力就会渐渐消退，心智就会渐渐老去，潜力生锈，沦为平庸之辈。因此，一个人若想从中脱颖而出，必须时时给自己一些压力，让自己去接受挑战，才能不断突破自我，发挥潜能，走向卓越。

一个故事能很好地向我们阐释这个道理：

有一个老人到山里砍柴时，捡到一只很小的怪鸟，那怪鸟和出生刚满月的小鸡一样大小，也许是因为它实在太小了，还不会飞，老人就把这只怪鸟带回家给他的孙子玩耍。

老人的孙子很调皮，他将怪鸟放在小鸡群里，充当母鸡的孩子，让母鸡养育着。母鸡没有发现这个异类，全权负起一个母亲的责任。怪鸟一天天长大，羽毛一天天丰满，后来人们发现那只怪鸟竟是一只鹰，人们一致强烈要求，要么放生，要么杀生，让它永远也别回来。

老人因为和鹰相处的时间长了，有了感情，不忍心伤害它。所以，老人决定让它重返大自然。他们就把鹰带到了较远的地方放生，可过了几天那只鹰又飞回来了，他们驱赶它，不让它进家门，甚至将它打得遍体鳞伤，许多办法都试过了，但是对它起不了任何作用。最后他们也明白了，原来鹰是眷恋它从小长大的家园，还有那个温暖舒适的窝。

后来，那老人就把它带到了附近最陡峭的悬崖壁旁，然后将它狠狠地往深涧扔去，只见那鹰像石头般往下坠，然而快到涧底的时候，它终于展开双翅托住了身体，开始滑翔，拍打着翅膀，飞向蔚蓝的天空，渐渐地变成了黑点，飞出了人们的视线，永远地飞走了，再也没有回来。

人何尝不是如此呢？一个人要想让自己的人生有所转机，就必须懂得关键时刻把自己带到人生的悬崖。给自己一个悬崖，就是给自己一片蔚蓝的天空啊！

人在面对压力时会激发出巨大的潜能，因此，你不必因恐惧逆境和挫折而去当温室里的花朵。温室里的花朵固然可以安全舒适地生活，但人生不可能一帆风顺，一旦逆境来临，首先被摧毁的就是失去意志力和行动能力的温室花朵，经常接受磨炼的人才能创造出崭新的天地，这就是所谓的"置之死地而后生"。

折磨你的人是你的新鲜空气

感激伤害你的人，因为他磨炼了你的心志；感激欺骗你的人，因为他增进了你的见识；感激鞭挞你的人，因为他清除了你的业障；感激压抑你的人，因为他拓展了你的心胸；感激身边的对手，因为他让你学会了生存；感激曾经的男人，因为他让你学会了保护；感激嫉妒的女人，因为她让你学会了包容；感激爱你的人，因为他让你懂得了什么是爱。感恩的心，感谢有你，感谢所有的好人、坏人、男人、女人、老人、小孩。

有一本书曾经这样写道：人生活在这个世界上，总会经历这样那样的烦心事，这些事总是会折磨人的心，使人不得安稳。尤其对于刚毕业的大学生来说，刚在社会中立足，还未完全成长起来，却要承受这个社会的种种压力。

其实，世间的事就是这样，如果你改变不了世界，那就改变你自己吧。换一种眼光去看世界，你会发现所谓的"折磨"其实都是促进你生命成长的"清新氧气"。

人们往往把外界的折磨看作人生中纯粹消极的、应该完全否定的东西。当然，外界的折磨不同于主动的冒险，冒险有一种挑战的快感，而我们忍受折磨总是迫不得已的。但是，人生中的折磨总是完全消极的吗？清代金兰生在《格言联璧》中写道："经一番挫折，长一番见识；容一番横逆，增一番气度。"由此可见，那些挫折和横逆的折磨对人生不但不是消极的，还是一种促进你成长的积极因素。

生命是一次次的蜕变过程。唯有经历各种各样的折磨，才能拓展生命的厚度。只有一次又一次与各种折磨握手，历经反反复复几个回合的较量之后，人生的阅历才会在这个过程中日积月累、不断丰富。

在人生的岔道口，若你选择了一条平坦的大道，你可能会有一个舒适而享乐的青春，但你会失去一个很好的历练机会；若你选择了坎坷的小路，你的青春也许会充满痛苦，但人生的真谛也

许就此被你打开了。

蝴蝶的幼虫是在一个洞口极其狭小的茧中度过的。当它的生命要发生质的飞跃时,这天定的狭小通道对它来讲无疑成了鬼门关,那娇嫩的身躯必须竭尽全力才可以破茧而出。许多幼虫在往外冲杀的时候力竭身亡,不幸成了飞翔的悲壮祭品。

有人怀了悲悯恻隐之心,企图将那幼虫的生命通道修得宽阔一些,他们用剪刀把茧的洞口剪大,这样一来,所有受到帮助而见到天日的蝴蝶都不再是真正的剧情精灵——它们无论如何也飞不起来,只能拖着丧失了飞翔功能的双翅在地上笨拙地爬行!原来,那"鬼门关"般的狭小茧洞恰是帮助蝴蝶幼虫两翼成长的关键所在,穿越的时候,通过用力挤压,血液才能被顺利输送到蝶翼的组织中去,唯有两翼充血,蝴蝶才能振翅飞翔。人为地将茧洞剪大,蝴蝶的翼翅就没有了充血的机会,爬出来的蝴蝶便永远与飞翔绝缘。一个人成长的过程恰似蝴蝶的破茧过程,在痛苦的挣扎中,意志得到磨炼,力量得到加强,心智得到提高,生命在痛苦中得到升华。当你从痛苦中走出来时,就会发现,你已经拥有了飞翔的力量。如果没有挫折,也许就会像那些受到"帮助"的蝴蝶一样,萎缩了双翼,平庸过一生。

只有经历过风雨,才能增长经验,你才能离成功更近一步。

第八章

人生要经得起失败，耐得住寂寞

点一盏信念之灯

  15世纪时,哥伦布从海地岛海域向西班牙胜利返航。船队刚离开海地岛不久,天气就骤然变得恶劣起来。天空布满乌云,远方电闪雷鸣,巨大的风暴从远方的海上向船队扑来。这是哥伦布航海史上遭遇的最大一次风暴,有几艘船已经被风浪打翻了,船长悲壮地告诉哥伦布说:"我们将永远不能踏上陆地了!"哥伦布叹了口气对船长说:"我们可以消失,但我们的资料却一定要留给人类。"哥伦布在疯狂颠簸的船舱里,飞快地把最为珍贵的资料写在几页纸上,卷好,塞进一个玻璃瓶里并密封后,将玻璃瓶抛进了茫茫大海。

  "相信有一天,这些资料一定会漂到西班牙的海滩上!"哥伦布自信而肯定地说。"绝不可能!"船长说,"它可能置身鱼腹,也可能被海浪击碎,或许被深埋海底。"哥伦布坚定地说:"或许一两年,也许几个世纪,但它一定会漂到西班牙去,这是我的信念。上帝可以辜负生命,却

绝不会辜负生命坚持的信念。"幸运的是,大部分船只在这次空前的海上风暴里死里逃生。回到西班牙后,哥伦布和船长都不停地派人在海滩上寻找那个漂流瓶,但直到哥伦布离开这个世界时,漂流瓶也没有找到。

1856年,也就是哥伦布遭遇那场海上风暴三个多世纪后,大海终于把那个漂流瓶冲到了西班牙的比斯开湾。

从中可见,信念是人生奇迹的萌发点,有了它,一切都有可能。

信念,是所有成功人士心中屹立不倒的旗帜,有了它,一切奇迹都会出现。信念在人的精神世界里是挑大梁的支柱,没有它,一个人的精神大厦就极有可能坍塌下来。

信念是力量的源泉,是胜利的基石。

劣势有时能成为优势

有一个少年,在一次车祸中失去了右臂,但是他很想学柔道。

后来,少年拜一位柔道大师做了师傅,开始学习柔道。他学得不错,可是练了三个月,师傅只教了他一招,少年有点弄不懂了。

一天,他忍不住问师傅:"我是不是应该再学学其他招数?"

师傅回答说:"不错,你的确只会一招,但你只需要会这一招就够了。"

少年并不是很明白,但他很相信师傅,于是就继续照着练了下去。

几个月后,师傅第一次带少年去参加比赛。少年自己都没有想到居然轻轻松松地赢了前两轮。第三轮稍稍有点艰难,但对手还是很快就变得有些急躁,连连进攻,少年敏捷地施展出自己的那一招,又赢了。就这样,少年迷迷糊糊地进入了决赛。

决赛的对手比少年高大、强壮许多,也似乎更有经验。有一度少年显得有点招架不住,裁判担心少年会受伤,就叫了暂停,还打算就此终止比赛,然而师傅坚持说:"继续比赛!"

比赛重新开始后,对手放松了戒备,少年立刻使出他的那招,制服了对手,由此赢了比赛,得了冠军。

回家的路上,少年和师傅一起回顾每场比赛的每一个细节,少年鼓起勇气道出了心里的疑问:"师傅,我怎么就凭一招就赢得了冠军?"

师傅笑着说:"有两个原因:第一,你几乎完全掌握了柔道中最难的一招;第二,就我所知,对付这一招唯一的办法是对手抓住你的右臂。"

有时候,我们会处于劣势之中,但一味的怨天尤人并不能改变什么。只有敢于挑战,敢于用心,"不利"才可能转化成"有利"。

佛罗里达州有一个农夫,当他买下一片农场的时候,他非常沮丧。那块地坏得使他既不能种水果，也不能养猪，能生长的只有白杨树及响尾蛇。然而，他想到了一个好主意——利用那些响尾蛇。他的做法使每一个人都很吃惊，因为他开始做响尾蛇肉罐头。而且，每年来参观他的响尾蛇农场的游客差不多有2000人，他的生意越做越大。

由他养的响尾蛇体内所取出的蛇毒，运送到各大药厂去做防蛇毒的血清；响尾蛇皮以很高的价钱卖出去做女士的鞋子和皮包；装着响尾蛇肉的罐头送到全世界各地的顾客手里。这个村子现在已改名为佛罗里达州响尾蛇村。

天生我材必有用。要勇于直面不完美的境地，要相信自己总有能做得很好的事情。

聪明的人能够实事求是地看自己，能从自身条件不足和所处不利环境的局限中解脱出来，去做自己能做的事。

把人生最弱的部分转化成强项，对任何人都很重要。

四个字：坚持到底

丘吉尔下台后，有一回应邀在牛津大学的毕业典礼致词。那天他坐在首席，打扮一如平常，还是一顶高帽，手持雪茄。

经过一长串的介绍辞之后，丘吉尔走上讲台，注视观众，沉默片刻,他开口说:"永远,永远,永远不要放弃!"接着又是长长的沉默,他又一次强调:"永远,永远,永远不要放弃!"他又注视观众片刻,然后回座。

无疑,这是历史上最短的一次演讲,也是丘吉尔最脍炙人口的一次演讲。

多年以前,美国曾有一家报纸刊登了一则园艺所重金征求纯白金盏花的启事,在当地一时引起轰动,高额的奖金让许多人趋之若鹜。但在千姿百态的自然界中,金盏花除了金色的就是棕色的,还没有人能够有幸见过白色的金盏花,这根本不是一件易事。所以许多人一阵热血沸腾之后,就把那则启事抛到九霄云外去了。

一晃就是20年。一天,那家园艺所意外地收到了一封热情洋溢的应征信和一粒纯白金盏花的种子。当天,这件事就不胫而走,引起轩然大波。

寄种子的原来是一个年近古稀的老人。老人是一个地地道道的爱花人,当她20年前偶然看到那则启事后,便怦然心动。她不顾8个儿女的一致反对,义无反顾地干了下去。她撒下了一些最普通的种子,精心侍弄。一年之后,金盏花开了,她从那些金色的、棕色的花中挑选了一朵颜色最淡的,任其自然枯萎,以取得最好的种子。次年,她又把它种下去,然后,再从这些花中挑选出颜色最淡的花的种子栽种……日复一日,年复一年。终于,在20年后的一天,她在那片花园中看到一朵金盏花,它不是近乎白色,也并非类似白色,而是如银如雪的白。于是,一个连专家都解决不了的问题,在这位不懂遗传学的老人长期的坚持下,最终迎刃而解。这不是奇迹吗?

俗话说:滚石不生苔。坚持不懈的乌龟能快过灵巧敏捷的野兔。如果能每天学习 1 小时,并坚持 12 年,所学到的东西,一定远比坐在教室里接受 4 年高等教育所学到的多。正如布尔沃所说:"恒心与忍耐力是征服者的灵魂,它是人类反抗命运、个人反抗世界、灵魂反抗物质的最有力支持。从社会的角度看,考虑到它对种族问题和社会制度的影响,其重要性无论怎样强调也不为过。"

一个人之所以成功,不是上天赐给的,而是日积月累自我塑造得来的。幸运、成功永远只会属于辛劳的人,有恒心不轻言放弃的人,能坚持到底的人。

来一次破釜沉舟

我们都熟悉项羽破釜沉舟大破秦军的故事。无独有偶,西方也有类似的故事。

恺撒大帝在尚未掌权之前,是一位智勇双全的军事将领。有一次,他奉命率领舰队前去征服英伦诸岛。

在他检阅舰队准备出发前,才发现随船远征的军队人数少得可怜,而且武装配备也残破不堪。以这样的军力想征服骁勇善战的英伦军队,无异于以卵击石。

但恺撒当下还是决定启程,驶向英伦诸岛。舰队到达目的地之后,恺撒等所有兵士全数下船后,立即命令亲信部属一把火将所有战舰烧毁。同时他召集全体战士训话,告诉他们战船已经烧毁,所以大家只有两种选择:一是勉强应战,如果打不过勇猛的敌人,后退无路,那只能被赶入海中喂鱼。另一条路是:不管军力、武器、补给如何的不足,奋勇向前,攻下该岛,则人人都有活命的机会。

置之死地而后生。士兵们人人抱定必胜的决心,奋不顾身地冲锋陷阵，终于攻克强敌。而恺撒也因为这次辉煌的战绩，为日后独掌罗马帝国最高权力奠下坚实的基础。

当人们要进入艰难的环境时，有些人先小心地探测，以做万全的准备；许多人因为知道困难重重，而再三延迟行程，甚至取消原来的计划；又有些人，先一脚踏入那个环境，但仍留许多后路，看着情况不妙，就抽身而返；当然更有些人，心存破釜沉舟之念，打定主意，便全身投入，由于急着应付眼前重重的险阻，反倒忘记了许多痛苦。

一切都会好起来的

一切都会好起来的。这句话很简单，却很有道理。即使你的眼前有许多的不顺利，但一定要坚强，因为一切都会慢慢好起来的。

确实，人生并非处处顺利平坦、尽是莺歌燕舞，总是伴随着几多不幸、几多烦恼。一旦遭遇不顺和困难，你必须学会坚强，因为一切都会慢慢好起来的。

现在说起梅西，估计没有几个人不认识他。

20岁的梅西身高1.69米，体重68千克，被人们认为是又一个马拉多纳的化身。马拉多纳对这位小老乡的评价是："梅西是一位天才球员，前途不可限量。"

梅西 12 岁时来到巴塞罗那，在青年队中锤炼 5 年后进入一线队，他在 2004 年的南美青年锦标赛上打进 7 球而成为最佳射手。现在，他和小罗已经成为巴塞罗那队边路最活跃的棋子。某些时候，梅西的光芒甚至盖过了世界足球先生小罗，毫无疑问，巴塞罗那和阿根廷的未来，属于梅西。

但是你绝对不知道，梅西也曾经有过一段痛苦的往事。作为一个天才球员，他差点儿因为身体条件的原因而被埋没了。

1987 年 6 月 24 日，在阿根廷圣塔菲尔省的罗萨里奥中央市，继两个哥哥之后，梅西降生了。这个穷人家的孩子，身体孱弱，妈妈无暇照顾弱小的梅西，把他寄养在辛迪亚家，两人从幼儿园到小学一直在一起，辛迪亚见证了梅西童年所有的艰辛和欢乐，而梅西也把辛迪亚当成这个世界上唯一可以倾诉的人。

作为梅西最痴心的球迷，辛迪亚珍藏着梅西代表各个俱乐部效力时穿过的各种款式的球衣，这是梅西把自己多出来的一套送给了小女孩。辛迪亚总是坐在高高的看台上，看着她的英雄演出，她比任何人都更早而且更坚定地相信着梅西的足球天赋。那是一段多么幸福的时光。可惜美好的光阴总是容易逝去，11 岁的梅西被查出患有荷尔蒙生长素分泌不足，这将影响他骨骼的健康发育，也就是说，他将在 1.4 米的高度停滞不前。纽维尔斯老男孩俱乐部不想再为还未成名的梅西掏出每月 800 美元的治疗费用，梅西只能和父亲远赴他乡，去西班牙求助。那是在最后一场比赛后绝望的辞行,13岁的梅西抱着辛迪亚号啕大哭,而辛迪亚抱着他说:"不哭不哭,坚强点儿小不点儿,坚强点儿小不点儿,一切会好起来的。"

情况真的好了起来,他通过治疗长到了近1.7米,并在巴塞罗那如鱼得水,天赋尽显,无论是里杰卡尔德的肯定,还是其他教练的赞誉,甚至马拉多纳也亲自给他打电话进行鼓励,这都在向全世界发布一个信息:梅西已经与从前大不相同。小罗说:"只有梅西才能骑在我的背上,我们是好兄弟。"

现在的梅西,因为足球集万千宠爱于一身,媒体、教练、队友、球迷把他当明星、孩子、兄弟、偶像般看待。但是在他内心里,他永远都忘不了辛迪亚在他耳边说"坚强点儿小不点儿,一切会好起来的"。

不要因失败而退缩

有个年轻人去微软公司应聘,但该公司并没有刊登过招聘广告。见总经理疑惑不解,年轻人用不太娴熟的英语解释说,自己是碰巧路过这里,就进来了。总经理感觉很新鲜,破例让他一试。面试的结果出人意料,年轻人表现糟糕。他对总经理的解释是事先没有准备,总经理以为他不过是找个托词下台阶,就随口应道:"等你准备好了再来试吧。"

一周后,年轻人再次走进微软公司的大门,这次他依然没有成功。但比起第一次,他的表现要好得多。而总经理给他的回答仍然同上次一样:"等你准备好了再来试。"就这样,这个青年先后五次踏进微软公司的大门,最终被公司录用,成为公司的重点培养对象。

再试一次,你就有可能到达成功的彼岸。

事业取得成功的过程,实际上就是不断战胜失败的过程。因为任何一项大小事业要取得相当的成就,都会遇到困难,难免要犯错误,遭受挫折和失败。例如,在工作上想搞改革,越革新矛盾越突出;学识上想有所创新,越深入难度越大;技术上想有所突破,越攀登险阻越多。著名科学家法拉第说:"世人何尝知道:那些经由科学研究工作者头脑里的思想和理论当中,有多少被他自己严格的批判、非难的考察,而默默地、隐蔽地扼杀了。就是最有成就的科学家,他们得以实现的建议、希望、愿望以及初步的结论,也达不到1/10。"这就是说,世界上一些有突出贡献的科学家,他们成功与失败的比率是1∶10。至于一般人,与这个比率比当然要低得多。因此,在迈向成功的道路上,能不能经受住错误和失败的严峻考验,是一个非常关键的问题。

闻名于世的大作曲家贝多芬说:"卓越的人的一大优点是:在不利于己的遭遇里百折不挠。"从事任何一项事情,先要决定志向，志向决定以后，就要全力以赴毫不犹豫地去实行。

　　法国作家凡尔纳年轻时写的第一本著作，是名为《气球上的五星期》的科学幻想小说。当他兴高采烈地将自己的处女作送给一家出版社时，总编辑翻了书稿后，感到书中说的尽是不切实际的幻想，而且写作手法也离经叛道，便婉言拒绝出版。在一连被15家出版社拒之门外之后，凡尔纳开始灰心丧气。他坐在火炉旁撕开手稿，一张一张地往火炉里扔。幸亏他的妻子发现，才阻止了他的焚书行动，并劝他再试一次。凡尔纳第二天又将书稿整理好送到第16家出版社。出乎意料，这家出版社独具慧眼，不仅立即给予出版，而且与凡尔纳签订了为期20年的合同，要凡尔纳把今后写的全部科幻小说交给他们出版。《气球上的五星期》出版后，立即轰动文坛，凡尔纳一举成名。

　　成功往往就在于——面对失败不退缩。试想，凡尔纳如果不投这第16家出版社，还会有这部不朽的传世名作吗？还会有大作家凡尔纳吗？所以，遇到挫折，千万不能退缩，不能轻易放弃。只有努力尝试，才能成功。

任何成功都包含着失败，每一次失败是通向成功不可跨越的台阶。爱因斯坦指出："正确的结果，是从大量错误中得出来的，没有大量错误做台阶，也就登不上最后正确结果的高峰。"有志气有作为的人，并不是因他们掌握了什么走向成功的秘诀，而恰恰在于他们在失败面前不唉声叹气、不悲观失望。

大发明家爱迪生经过几千次的失败，才最终发明了电灯，给世界人民带来了黑夜中的光明。他在总结这段经历时说："我对电灯问题，钻研最久，试验最苦，但是从未灰心，更不信它试验不成！失败和成功对我一样有价值。"

著名药物学家欧立希发明一种名叫砷矾纳明的新药，这种药能够治疗梅毒病和昏睡病。他在试制过程中，遭受过605次失败，这使他痛苦万分，但他并未就此止步，而是继续坚持试验，终于在第606次实验中取得了成功。因此，欧立希把这种新药命名为"606"。一盏电灯要试验几千次，一种新药要试验几百次，这中间经历了多少艰辛！

往往，最后的成功正是孕育在千百次的失败之中。其实，成功与失败并没有绝对不可跨越的界限，成功是失败的尽头，失败是成功的黎明。失败的次数愈多，成功的机会亦愈近。成功与失败的差距只在完全做对一件事情和几乎做对一件事情。如果你能在挫折面前不退缩，那么，你一定能走向成功。

有了希望就能战胜苦难

公元前334年,亚历山大大帝在出发远征波斯之前,把自己所有的财产全部分给了臣下。

一名随从非常惊讶地问:"陛下,那你带什么启程呢?"

亚历山大自信地回答说:"我只带一种财富,那就是'希望'!"

希望,是一个人一生中最为珍贵的财富,它远胜于世上任何有形的财宝。

在大学里,章霄最不喜欢上经济学的课,因为他很讨厌经济学教授老范,甚至和有些狂傲的老范在课堂上言辞激烈地争吵过。

大学最后一年,在求职过程中接连遭受打击的章霄又和女友分了手。整个世界似乎塌了下来,章霄患上了抑郁症。从此,上医院就成了他生活中的一部分。夏末的一个黄昏,章霄意外地在医院里遇见了老范,他正微笑着哄着身边的一个和他年纪相仿的女人。他没有注意到章霄的存在。于是,章霄冷笑着走进了病房。

当章霄再次走出病房的时候,却吃惊地发现老范正独自一人哭倒在洗手间里……

那天,他们聊了很多,老范告诉章霄——他和妻子为了在这个城市里站住脚吃了很多苦,而现在他们的女儿很有可能永远看

不到任何东西了——他还要强作欢颜安慰妻子。

"每个人都是一滴水银,即使摔得支离破碎,也要迅速凝聚起来,只要坚信希望,任何困难都能挺过去。"分手的时候,老范擦干眼泪对章霄说。

从那之后,章霄常常去听老范的课,不为别的,只为他那种坚强乐观的水银精神。是的,只要不放弃希望,没有过不去的坎,没有克服不了的困难。

1992年3月的《读者文摘》,刊载了一篇发人深省的作品。

文中讨论的四部影片是:《山水喜相逢》《洛基》《火战车》《甘地传》。该文作者分析这四部影片叫好又叫座的一些共同原因时,说:"它们反映人性本善、宣扬种种受人尊敬的情操:勤奋、苦干、自重;表现出对家庭、朋友、社会的爱心;显示了一个人能对他自己的一生和别人的一生造成多大的改变;最重要的,它们给了我们希望。"

在这一段话里，最能引起人共鸣的，是最后一句："它们给了我们希望。"有时候，创造奇迹的不是巨人，也许只是心中埋藏的希望。一句鼓励的话语，就能给对方一个免费却珍贵的礼物——希望。希望，在我们的生命里，微不足道，却往往重如千钧。

一个俄国的心理学家做过一个试验：将两只大白鼠丢入一个装了水的器皿中，它们拼命地挣扎求生，结果只维持了8分钟左右。然后，在同样的器皿中放入另外两只大白鼠，在它们挣扎了5分钟左右的时候，放入一个可以让它们爬出器皿外的跳板，这两只大白鼠得以活下来。若干天以后，再将这对大难不死的大白鼠放入器皿中，结果真的有些令人吃惊：两只大白鼠竟然可以坚持24分钟，是一般情况下能够坚持时间的3倍。

这位俄国的心理学家总结说，前面两只大白鼠，没有任何逃生经验，只能凭自己本来的体力挣扎求生；而有过逃生经验的大白鼠却多了一种精神的力量，它们相信在某一个时候，一个跳板会救它们出去，这使得它们能够坚持更长的时间。这种精神力量，就是希望。

那个试验还没有讲完。有人想着那两只大白鼠，总觉得不是滋味，就略带反感地对那位心理学家说："有希望又怎么样，那两只大白鼠最后还不是死了。"心理学家出人意料地回答说："没有死，在第24分钟时，我看它们实在不行了，就把它们捞上来了。有积极心态的大白鼠更有价值，更值得活下去；我们人类应该尊重一切希望，哪怕是一只大白鼠内心的希望。"

这个实验虽然残酷了一点，但给人很大的教益。实际上我们不必做那样的试验就可以知道，在艰难困苦之中，心中有希望和心中没有希望，对我们的行为会有完全不同的影响，结果当然也就完全不一样了。大白鼠的希望，是人给它们的；而我们人类自己，在任何时候、任何地点、任何困难的情况下，都能够自己给自己希望。

希望是一种伟大的力量。在很多情况下，希望的力量比知识的力量更强大。因为只有在有希望的前提下，知识才能被更好地利用。第二次世界大战期间，德国法西斯虽然拥有很先进的武器和强大的军队，但内心的绝望还是导致了他们的迅速溃败。

所以，一个人，即使他一无所有，只要他有希望，他就可能拥有一切；而一个人即使拥有一切，却不拥有希望，那就可能丧失他已经拥有的一切。

把握现在更有意义

从前有个年轻英俊的国王，他既有权势，又很富有，但却为两个问题所困扰：

1. 我一生中最重要的时光是什么时候呢？

2. 我一生中最重要的人是谁？

他对全世界的哲学家宣布，凡是能圆满地回答出这两个问题的人，将分享他的财富。哲学家们从世界各个角落赶来了，但他们的答案没有一个能让国王满意。

这时有人告诉国王，在很远的山里住着一位非常智慧的老人。国王马上就出发了。

国王到达那个智慧老人居住的山脚下后，装扮成一个农民。

他来到智慧老人住的简陋的小屋前，发现老人盘腿坐在地上，正在挖着什么。"听说你是个智慧的人，能回答所有问题，"他说，"你能告诉我谁是我生命中最重要的人、何时是我一生中最重要的时刻吗？"

"帮我挖点土豆，"老人说，"把它们拿到河边洗干净。我烧些水，你可以和我一起喝一点汤。"

国王以为这是对他的考验，就照老人说的做了。他和老人一起呆了几天，希望他的问题能得到解答，但老人却没有回答。

最后，国王对自己和这个人一起浪费了好几天的时间感到非常气愤。他拿出自己的国王印玺，表明了自己的身份，宣布老人是个骗子。

老人说："我们第一天相遇时，我就回答了你的问题，但你没明白我的答案。"

"你的意思是什么呢？"国王问。

"你来的时候我向你表示欢迎，让你住在我家里。"老人接着说,"要知道过去的已经过去,将来的还未来临——你生命中最重要的时刻就是现在,你生命中最重要的人就是现在和你呆在一起的人,因为正是他和你分享并体验着生活啊。"

只有活在"现在",你才可以真正地体验生活,并享受生活的各种快乐。我们内心的平安,有相当大程度取决于我们活在当下的态度。不论昨天发生了什么,不管明天会不会发生什么,当下才是你所在的地方,也是你起步的地方。

一个人到夏威夷旅游,一天黄昏时他在海滩漫步,忽然看见远处有一个人像是在跳舞似的。走近些时,他看清楚原来这个本地人在不停地拾起由潮水冲到沙滩上的鱼,并一条条地用力地把它们抛回大海去。

他于是奇怪地问本地人:"晚安!朋友,你在干什么呢?"

那人说:"我在把这些鱼抛回海里。你看,现在正是退潮,海滩上这些鱼全是给潮水冲到岸上来的,很快这些鱼便会因缺氧而死了!"

"我明白。不过这海滩有数不尽的鱼,你有能力把它们全部送回大海吗?你可知道你所做的作用并不大啊!"

那位本地人微笑着,继续拾起另一条鱼,一边抛一边说:"但起码我改变了这条鱼的命运呀!"

于是他恍然大悟!的确,虽然有很多美好的事情我们不能去实现,但是如果把握现在,就能改变了一切!

过去的已成历史,未来还遥不可及,我们能把握的只有现在。珍惜光阴,把握现在,这是我们必须明白的人生道理。

一位考古学家在古希腊的废墟里发现了一尊双面雕像。由于从来没有见过这种雕像,考古学家忍不住问它:"你是什么神?为什么会有两副面孔?"

雕像回答说:"人们都叫我双面像,我一面回望过去,汲取教训;一面展望未来,充满憧憬。"

考古学家忍不住问:"那么现在呢?"

"现在!"雕像愣住了,"我只看着过去和未来,我哪管得了现在啊!"

考古学家说道:"过去已经远去了,未来还没有到来。我们能把握的只有现在啊!你对过去总结得再好,对未来的构想无论多么美好,如果不能把握现在,那又有什么意义呢?"

雕像听了,恍然大悟:"你说得没错。我

只关注过去和未来，而从来没想过现在，所以才被人们抛弃在废墟里啊！"

卡耐基曾经说过："人要生活在今天的密封舱里，就是要人专心过好当下的生活。"因为过去的已经过去，仅仅回忆是没有什么意义的。同时，人也不能总担心未来的事情，因为未来总是不确定的，我们所担心的事情多半不会发生。过去的意义就在于它为我们现在的生活提供指导，它能让我们看得更清楚。未来的意义也是为我们的现在树立目标，现在的所有努力都是围绕将来的目标。总之，过去的已经过去，未来还遥不可及，我们唯一能把握的只有现在了。

豁达是心灵的解药

豁达，是荡涤红尘的一杯清茶，是摆脱烦恼的一道良方，是纯净心灵的解药。

我们一生中不可能永远都是风平浪静，人生遭际不是个人力量所能左右，而在诡谲多变的环境中，唯一能使我们不觉其拂过的办法，就是使自己变得豁达。以豁达之心去面对以前痛苦的遭遇，不幸便将会远离我们，要学会随遇而安。

豁达不仅能让自己的心灵得到拯救，同时也能拯救别人的心灵。对自己身上发生的一切，如果都能以一种大度、坦然的态度去对待，那么我们与他人的关系将会是融洽和愉快的。美国第三任总统杰弗逊与第二任总统亚当斯从交恶到宽恕就是一个生动的例子。

杰弗逊在就任前夕，到白宫去告诉亚当斯说，他希望针锋相对的竞选活动并没有破坏他们之间的友谊。但据说杰弗逊还来不及开口，亚当斯便咆哮起来："是你把我赶走的！是你把我赶走的！"

一气之下，两人没有交谈达数年之久，直到后来杰弗逊的几个邻居去探访亚当斯，这个坚强的老人仍在诉说那件难堪的事，但接着冲口说出："我一直都喜欢杰弗逊，现在仍然喜欢他。"邻居把这话传给了杰弗逊，杰弗逊便请了一个彼此皆熟悉的朋友传话，让亚当斯也知道他的深重友情。后来，亚当斯回了一封信给他，两人从此开始了美国历史上最伟大的书信往来。

这个例子告诉我们，豁达是一种多么可贵的精神、高尚的人格。在卡耐基身上也曾发生过类似的事，卡耐基的豁达也为他赢得了尊重。

有一次，戴尔·卡耐基在电台上介绍《小妇人》的作者时一不小心说错了地理位置。其中一位女听众就狠狠地写信来骂他，把他骂得体无完肤。卡耐基当时真想回信告诉她："我把区域位置说错了，但从来没有见过像你这么粗鲁无礼的女人。"但他控制了自己，没有向她回击，他鼓励自己将敌意化解为友谊。卡耐基自问："如果我是她的话，可能也会像她一样愤怒吗？"然后，他站在她的立场上来思索这件事情。最后，他打了个电话给她，再三向她承认错误并表达歉意。这位太太终于接受了他的道歉，并表示了对他的敬佩，希望能与他进一步深交。

我们说豁达是心灵的解药，是因为它是一种人生境界，是一种超脱与淡定。豁达的人不会为他物所牵绊，所以心自然是沉着从容的。

人与人之间总有差异，所以有时摩擦、争吵不可避免，这些本是很正常的事情。如果多些理解，学会包容，能够设身处地地为他人着想，就不会因他人与己见不同而生出隔阂，进而产生矛盾。

正是由于人与人之间存在不同的见解，才使得我们这个世界有朝气，从而产生了许多新生事物。从另一个方面来说，与他人有不同见解存在，也才会使得自己去从另一个角度思考问题。也许自己固有的见解原本就是错的，不科学的。正是由于他人的不同见解使自己反省，从而纠正自己错误的认识与观点，并获得新的进步。因此，正确对待不同见解，不仅不是理亏，反而是一种理智的态度。而要做到这点，所需要的就是"理解"。理解他人，理解环境，理解我们所处时代的方方面面；不固执，不偏激，不斤斤计较，更莫为小事而与别人打"肚皮官司"，弄得自己心神不安，伤神又伤心。

豁达是一种特质，它一部分来源于性格，但更多的源于修

养。豁达是一种生活的态度,古人云:人生不如意事常八九。面对世事沉浮,想要"胜似闲庭信步",就得有豁达的胸襟。如此,才不会被生活的各种纷繁经历所困扰。豁达是生存的艺术,更是一种待人处世的思维方式。人生处世为人皆方圆之间,方圆有度,不卑不亢。追求豁达,告别狭隘,告别妒忌,告别猜疑;心中有爱,有容人之量,才能善于发现美,发现世间大爱。

豁达是心灵的最佳解药,拥有一颗豁达的心,在工作和生活中我们将从根本上远离不幸。

知足者能享天人之福

知足是快乐的重要条件。托尔斯泰曾说:"欲望越小,人生就越幸福。"知足者认识到了无止境的欲望只能带来痛苦,所以才能摒弃欲望,享天人之福。

在这个世界上,大多是那些懂得知足常乐的人们生活得更为幸福。这是因为,一个具有开朗热情性格的人,通常在生活中懂得知足常乐、平淡是福,能够笑看输赢得失、当放则放。

有了一颗知足的心,人才会有真正的宁静、真正的喜悦、真正的幸福。知足常乐,是一种与世无争而又安于平凡的心境,也是一种不经意间的幸福。人如果贪欲越多,就会陷入对名利的追逐,后来他们得到越多,就越去追逐,这就是所谓的"知足之人不知穷,不知足之人不知富"。

有一个失意的城里人对生活失去了信心,他走进一片原始森林,准备在那里了却残生。

失意人发现一只猴子正在目不转睛地看着他,便招手让猴子过来。

"先生,有何吩咐?"猴子有礼貌地打着招呼。

"求求你,找块石头把我砸死吧!"失意人央求猴子。

"为什么?阁下难道不想活了?"猴子瞪着眼睛问。

"我真是太不幸了……"失意人话一出口,泪水便哗哗地流了出来。

"能跟我谈谈吗?我也是灵长类呀!"猴子善解人意地说。

失意人泪流满面地说:"跟你谈有什么用……当年我差了一分,没有考上牛津大学……呜……"

"你们人类不是还有别的大学吗?你是不是找不到异性?"猴子觉得上什么大学无所谓,有没有异性可是个原则问题。

"呜……"失意人又哭了起来,"当年有十几个美女追求我,最后我只得到其中一个……"

"这确实有点不公平!"猴子说,"不过,您毕竟还得到了一个。工作上有什么不顺心吗?"

"工作了十来年,才评上一个副教授。你说说,这书还怎么教下去?"失意人转悲为愤,怒气冲冲地说。

"薪水够用吗?"这只猴子又问。

"够用什么!每个月除了吃、穿、用,只剩下800多块钱,什么事也干不了!"失意人满腹牢骚。

"那您真的不想活啦?"猴子紧紧盯着失意人的双眼,严肃地问。

"不想活了!你还等什么,快去找石头啊!"失意人不想再跟猴子啰嗦。猴子犹豫了一下,终于抓起来一块石头。就在它即将砸向失意人脑袋的时候,突然问失意人:"阁下,在您死之前能把您的地址告诉我吗?让我去顶替您算了。"

这看似一个笑话,但却反映出了我们身边的现实。其实,我们拥有的已太多,但我们总是不知足,不知道珍惜。但如果我们不懂得珍惜已经拥有的东西,得到的再多又有什么意义。

知足是什么呢?知足就是:别人的钱比自己多,我不嫉妒,钱少可以俭朴点、量入为出;别人吃山珍海味,我不眼馋,粗茶淡饭也照样吃得健康结实,并且同样香甜。别人有名牌时装、花园洋房,我不羡慕,房小可以安排得紧凑点,照样收拾得窗明几净，衣服穿不起名牌，青衣布衫也舒适……

什么又是常乐呢？常乐就是：有一份糊口的工作，虽然薪水不高，但能维持日常的生活，想想也欣慰。有一位爱自己的配偶，也许是一个最普通的人，没有权钱与容貌，但有一份真挚的爱情。还有一个活泼可爱孩子，也许学习成绩平平，但身体健康……

以上这些难道不是欢乐和幸福吗？实际上，如果你仔细想想，就会发现身边的欢乐数也数不清。这就是我们普通人的天人之福。

所以，真正的幸福不是每天都追求到了什么，而是每天都怀有一颗满足的心愉快地生活。满足的秘诀在于知道如何享受自己的所有，并能驱除自己能力之外的物欲。既然我们都是普通人，那么，那些超越我们能力的东西就显得无足轻重，而脚踏实地过平民百姓的生活，就能让知足者常乐！

能拿得起就要能放得下

"拿得起"不仅仅是应在踌躇满志时，"放得下"也绝不仅仅是应在遭受挫折时。在人生的每时每刻，我们都应把它们看作一个整体。一个人在处事中，拿得起是一种勇气，放得下是一种肚量。

在热带丛林里，猎人经常制作一些笼子捕猎猴子，笼子里挂着果实，笼子上开一个小口，刚好够猴子的前爪伸进去，如果猴子抓住坚果就无法将爪抽出来了。而猴子有一种习性，就是不肯放弃已经到手的东西，所以它们最终就成了猎人的猎物。

猴子被捉的悲剧告诉我们，在生活中必须学会"拿得起放得下"，学会适时松开手。人生的成败往往蕴含于取舍之间，"放得下"的关键在于你是否能够在人生道路上进行果敢的取舍。

拿得起，实为可贵；放得下，是人生处世之真谛。成大事业者不会计较一时的得失。他们都知道放下什么，如何放下。放得下，你就可以轻装前进。放得下，你就可以摆脱烦恼和纠缠，整个身心沉浸在轻松悠闲的宁静中去。

放得下会使你赢得别人的信赖；放得下会改变你的形象，使你显得豁达豪爽；放得下还会使你变得更能干，更精明，更有力量。在这个世界上，为什么有的人活得轻松，而有的人活得沉重？前者是拿得起，放得下；而后者是拿得起，却放不下，所以沉重。

放下心中所有难言的负荷，放下失恋的痛楚，放下费尽精力的争吵，放下屈辱留下的仇恨，放下对虚名的争夺，放下对权力的角逐……凡是次要的，枝节的，多余的，该放下的都要放下。只有放得下，才能将该拿起的东西更好地把握住。

由于清朝晚期科场中贿赂盛行，舞弊成风，蒲松龄四次考举人都落第了。最后他放弃了"科考"这条可以使自己走上仕途的道路，而选择了著书立说。他立志要写一部"孤愤之书"。他在压纸的铜尺上镌刻了一副著名的对联，上书：

有志者，事竟成，破釜沉舟，百二秦关终属楚；
苦心人，天不负，卧薪尝胆，三千越甲可吞吴。

蒲松龄以此自敬自勉。后来，他终于写成了《聊斋志异》，流传百世。

蒲松龄虽然科举落第，与仕途无缘，但他找到了成就自己的另一个方向。在这条新开辟的道路上，他取得了成功，也为后人留下了宝贵的精神财富。

人生是一种相依相得的平衡，放不下就得不到，得不到就会很痛苦。拿得起放得下，反映的是一个人生命的品质和品位。这需要一种不断积蓄的能量。惟其拿得起放得下，才能厚积薄发，举重若轻，处事从容。一个明智的人，拿得起有分量的东西，同样也放得下它，只要是服从自己内心，就可以进行另一选择。

放下的，当然是应该放下的，过去了的，不应有的，强求而难以达到的。放得下，看似消极，实质却是一种积极的心态。对于自己的过去，大可不必耿耿于怀，是好是坏都已过去，生命并非只有一处灿烂辉煌。包容过去，融通未来，创造人生新的春天，人生才更加明媚迷人。

人生并非只有一处辉煌，别处风景也许更加迷人。站在特定的时点，审时度势，作出你的选择，找到你的真正的生活目标。因此，你有时须从新的角度看待自己，重新找回自信，你会发现自己有越来越多值得欣赏的地方。

拿得起与放得下是生命中最重要的修养之一，我们只有果断清醒地放下应该放下的，随和且随缘地看待人生旅途中遇到的利害得失、祸福变故，接纳和融合所遇到的一切，才能腾出生命的空间，享有所拥有的一切。

拿得起是可贵，放得下是超脱。鲜花掌声能等闲视之，挫折、灾难能坦然承受。人生最大的敬佩是拿得起，生命最大的安慰是放得下。当迷雾消散尘埃落定的那一刻，你会发现这一切原本只是自己放不下。烦事人人有，放下自然无。

人生随时都可以重新开始

这个世界上不会有人一生都毫无转机，穷人可能会腾达为富人，富人也可能沦落为穷人，很多事情都是发生在一瞬间。富有或贫穷，胜利或失败，光荣与耻辱，所有的改变都会在一瞬间发生。

比如，一个人要戒烟，如果他总认为戒烟是一个渐进的、缓慢的过程，要逐渐地戒，那他永远也戒不了烟；他只有在某天突然醒悟，才会痛下决断，马上坚决采取戒烟措施，才有可能戒掉烟。

CNN的老板特德·特纳，年轻时是一个典型的花花公子，从不安分守己，他的父亲也拿他没办法。他曾两次被布朗大学除名。不久，他的父亲因企业债务问题而自杀，他因此受到了很大的触动。他想到父亲含辛茹苦地为家庭打拼，他却在胡作非为，不仅不能帮助父亲，反而为父亲添了无数麻烦。他决定改变自己的行为，要把父亲留给自己的公司打理好。从此他像变了一个人，成了一个工作狂，而且不断寻找机会，壮大父亲留下的企业，最终将CNN从一个小企业变成了世界级的大公司。

其实，人的改变就在一瞬间，只要我们思想上有了一种强烈的要改变的意识，并下定决心，变化就会出现。一瞬间的改变可以成就一个人的一生，也可以毁灭一个人的一生，所以，我们不能忽视一瞬间的力量。

鲁迅认为中国落后是因为中国人的体格不行，被称作东亚病夫，于是他去日本学习医学。但一次在课间看电影的时候，他看到日本军人挥刀砍杀中国人，而围观的中国人却一脸的麻木，当时其他的日本同学大声地议论："只要看中国人的样子，就可以断定中国必然灭亡。"鲁迅思想上顿时发生了改变，他说："由此我觉得医学并非一件紧要事，凡是愚弱的国民，即使体格如何健全，如何茁壮，也只能做毫无意义的示众的材料和看客，病死多少是不必以为不幸的,所以我的第一要素是在改变他们的精神,而善于改变精神的是,我那时以为当然要推文艺,于是想提倡文艺运动了。"从此,鲁迅决定弃医从文,以笔为枪,去唤醒沉睡中的中国,中国也多了一位伟大的思想家和文学家。

禅宗讲求顿悟,认为人的得道在于顿悟,在于一刹那的开悟。其实人生也是这样,人思想的改变就在一瞬间。当我们顿悟后,我们就能洞察生命的本性,从被奴役的生活走向自由的道路,将蕴藏在内心的仁慈和潜能都充分发挥出来。

一个人想要达到成功的巅峰,也需要顿悟,从你的内心深处升起的那份卓越的渴望,将会在瞬间改变你的一生。